U0367235

《中等职业学校食品类专业"十一五"规划教材》编委会

《食品化学》编写人员

中等职业学校食品类专业"十一五"规划教材

食品化学

河南省漯河市食品工业学校组织编写

祝美云　主编

张平安　张　芳　副主编

化学工业出版社

·北京·

本书是《中等职业学校食品类专业"十一五"规划教材》中的一个分册。全书主要从食品加工和安全的角度，介绍食品成分的化学组成、性质及其与加工、储藏等有关的化学问题，全书分为：水分、碳水化合物、脂类、蛋白质、酶、色素、维生素、矿物质、食品风味物质和食品添加剂十大类别。本书在编写过程中力求能体现我国中职教育特点，在突出基本理论、基本概念和方法的同时，以应用为目的，将基本知识和各种新技术有机结合在一起。此外，每章安排有复习题，书末还配有相关章节的实验指导，以求理论联系实际和便于教学使用。

本书可供中等职业学校食品类专业及农业学校农产品加工专业学生使用，也可供食品生产企业有关科技人员参考。

图书在版编目（CIP）数据

食品化学/祝美云主编．—北京：化学工业出版社，
2007.6（2025.2重印）

中等职业学校食品类专业"十一五"规划教材

ISBN 978-7-122-00477-2

Ⅰ．食…　Ⅱ．祝…　Ⅲ．食品化学-专业学校-教材
Ⅳ．TS201.2

中国版本图书馆 CIP 数据核字（2007）第 078981 号

责任编辑：陈　蕾　侯玉周　　　　　　文字编辑：向　东
责任校对：陈　静　　　　　　　　　　装帧设计：郑小红

出版发行：化学工业出版社（北京市东城区青年湖南街 13 号　邮政编码 100011）
印　　装：北京捷迅佳彩印刷有限公司
720mm×1000mm　1/16　印张 11½　字数 220 千字　2025 年 2 月北京第 1 版第 16 次印刷

购书咨询：010-64518888　　　　　　售后服务：010-64518899
网　　址：http://www.cip.com.cn
凡购买本书，如有缺损质量问题，本社销售中心负责调换。

定　　价：29.00 元

序

　　食品工业是关系国计民生的重要工业，也是一个国家、一个民族经济社会发展水平和人民生活质量的重要标志。经过改革开放 20 多年的快速发展，我国食品工业已成为国民经济的重要产业，在经济社会发展中具有举足轻重的地位和作用。

　　现代食品工业是建立在对食品原料、半成品、制成品的化学、物理、生物特性深刻认识的基础上，利用现代先进技术和装备进行加工和制造的现代工业。建设和发展现代食品工业，需要一批具有扎实基础理论和创新能力的研发者，更需要一大批具有良好素质和实践技能的从业者。顺应我国经济社会发展的需求，国务院做出了大力发展职业教育的决定，办好职业教育已成为政府和有识之士的共同愿望及责任。

　　河南省漯河市食品工业学校自 1997 年成立以来，紧紧围绕漯河市建设中国食品名城的战略目标，贴近市场办学、实行定向培养、开展"订单教育"，为区域经济发展培养了一批批实用技能型人才。在多年的办学实践中学校及教师深感一套实用教材的重要性，鉴于此，由学校牵头并组织相关院校一批基础知识厚实、实践能力强的教师编写了这套《中等职业学校食品类专业"十一五"规划教材》。基于适应产业发展，提升培养技能型人才的能力；工学结合、重在技能培养，提高职业教育服务就业的能力；适应企业需求、服务一线，增强职业教育服务企业的技术提升及技术创新能力的共识，经过编者的辛勤努力，此套教材将付梓出版。该套教材的内容反映了食品工业新技术、新工艺、新设备、新产品，并着力突出实用技能教育的特色，兼具科学性、先进性、适用性、实用性，是一套中职食品类专业的好教材，也是食品类专业广大从业人员及院校师生的良师益友。期望该套教材在推进我国食品类专业教育的事业上发挥积极有益的作用。

食品工程学教授、博士生导师　李元瑞

2007 年 4 月

前　言

为了落实《关于全面推进素质教育，深化中等职业教育教学改革的意见》中提出的"积极推进课程和教材改革，开发和编写反映新知识、新技术、新工艺、新方法，具有中等职业教育特色的课程和教材"的要求，由河南省漯河市食品工业学校组织编写了《食品化学》教材。本教材从中等职业教育教学改革的实际出发，注意并加强了基础理论，反映了当代食品化学水平，完善了中等职业学校食品类专业所需的一些食品化学知识。

本教材主要介绍了食品中六大营养成分和食品色香味成分的化学组成、结构、性质，在食品加工和储藏过程中的化学变化及其对食品品质和安全性的影响，还包括酶和食品添加剂在食品中的应用等。本教材还对近年来食品化学中的热点问题作了介绍和探讨，如功能性低聚糖、甜味剂等，并注重反映食品化学的最新研究成果。每章后有复习题，且在书末安排了相关的实验内容，以便帮助学生更好地理解和掌握每章的重点和难点。本教材力求反映与食品化学相关的食品生产中推广应用的新知识、新技术、新工艺、新方法、新标准和新动态，以体现教材的新颖性。本教材既可作为中等职业学校食品类专业学生的教科书，又可作为食品生产和农产品加工企业从业人员的参考书。

本教材由祝美云（河南农业大学）主编，张平安（河南农业大学）、张芳（河南省漯河市食品工业学校）副主编，第一章、第二章、第三章、第四章、第七章由张平安编写，第五章由祝美云、秦冬丽（河南省漯河市食品工业学校）、许照丽（河南省漯河市食品工业学校）、陈万龙（河南省漯河市食品工业学校）编写，第六章由祝美云、皮付伟（中国农业大学）、庞凌云（河南农业大学）编写，第八章由赵文献（河南省漯河市食品工业学校）、范亚萍（河南省漯河市食品工业学校）编写，第九章由庞凌云、张芳、郑亚鹏（河南省漯河市食品工业学校）编写，第十章和实验指导由张平安编写。全书由高愿军（郑州轻工业学院）审稿。

在本教材的编写过程中，得到了化学工业出版社、河南省漯河市食品工业学校领导及工作人员的大力支持和热情帮助，在此表示衷心感谢。

由于编者水平有限，加上编写时间仓促，书中难免有疏漏和不妥之处，敬请读者批评指正。

编　者

2007 年 4 月

目　　录

第一章 绪 论

一、食品化学的基本概念

食品化学是利用化学理论和方法研究食品本质的一门科学，属于应用化学的分支，它也是食品科学的一个重要组成部分，它同食品微生物学、食品工程一起构成了食品科学中的三大支柱科学。它从化学角度和分子水平研究食品的组成、结构、理化性质、生理和生化性质、营养与功能性质以及它们在食品储藏、加工和运销过程中的变化，是为改善食品品质、开发食品新资源、改进食品加工工艺和储运技术、科学调整膳食结构、加强食品质量安全控制及提高食品原材料深加工和综合利用水平奠定理论基础的发展性学科。

二、食品化学的发展简史

食品化学是 20 世纪随着化学、生物化学的发展以及现代食品工业的兴起而形成的一门独立的、年轻的学科。食品化学的起源从某种意义上可以追溯到远古时代，但是食品化学作为一门学科的出现还是在 18～19 世纪，这期间许多化学家对食品的本质进行了大量的研究，并认识到食品中的糖类、蛋白质和脂类物质是人体必需的营养元素。

法国化学家拉瓦锡在食品化学方面确立了燃烧有机分析的基本原理，首先测定了乙醇的元素成分；瑞典药物学家舍勒分离和研究了乳酸的性质，从柠檬汁和醋栗中分离出柠檬酸，从苹果中分离出苹果酸，同时对 20 种普通水果中的柠檬酸和酒石酸等进行了检测，因此他被认为是在农业和食品化学方面精确分析研究的先驱。法国化学家谢弗勒尔在动物来源脂肪成分上的深入研究，使得硬脂酸和油酸得以发现并将其命名。利比希将食品分为含氮的（植物纤维蛋白、清蛋白和酪蛋白等）和不含氮的（脂肪、碳水化合物等），并于 1847 年出版了《食品化学研究》，这是第一本有关食品化学方面的著作，但此时仍未建立食品化学学科。

与此同时，食品掺假事件在欧洲时有发生，这就迫切要求相关部门必须建立快速可靠的食品检验方法，在很大程度上推动了普通分析化学和食品检验方法的发展。直到 1920 年，世界各国相继颁布了关于禁止在食品中掺假的法律法规，并建立了完善的检验机构和制定了系统严格的检验方法，从而使食品中掺假的行为得到有效的控制。

20 世纪 50～60 年代，食品工业在发达国家和一些发展中国家得到飞速发展，大部分的食品物质组成已为化学家、生物学家和营养医学家的研究所探明，食品化学学科建立的时机成熟。为了改善食品的感官品质和质量以及提高食品的货架期，食品添加剂、饲料添加剂和农药等开始大量使用并得到认可。由此，带来许多食品安全方面的问题，从而推动了食品化学分析的发展，同时也给食品化学的研究内容和方法提出了新的课题。此间，具有世界影响的"J. Food Agriculture"，"J. Food Science"和"Food Chemistry"等杂志的相继创办，标志着食品化学作为一个独立的学科正式建立。在 20 世纪后期，随着现代食品加工技术的快速发展，许多新型高效的现代化技术在食品行业中深入研究和应用，例如膜技术、超临界萃取技术、超微粉碎技术和电磁波等技术，这不仅改善了食品的品质和安全状况，同时也给食品化学研究的某些相关领域提出了新的课题和研究方向。

近年来，色谱和色质联用等现代化分析技术的出现，分子生物学研究的迅猛发展，使食品化学的研究领域更加拓宽，研究手段日趋现代化，研究成果的应用周期愈来愈短。现在食品化学的研究正向反应机理、风味物的结构和性质研究、特殊营养成分的结构和功能性质研究、食品材料的改性研究、食品现代和快速分析方法的研究、高新分离技术的研究、未来食品包装技术的化学研究、现代化储藏保鲜技术和生理生化研究，新食源、新工艺和新添加剂的研究等方向发展。

我国食品化学虽然起步较晚，但是许多高校和科研单位都把它作为研究和教学的重点之一，而且将食品化学定为食品科学与工程等相关专业的专业基础课，这必将对我国食品工业的发展产生重要而深远的影响。

三、食品化学研究的内容和领域

食品原料的基本成分包括水分、糖类、蛋白质、脂类、维生素与矿物质等，它们提供生物体正常代谢所必需的物质和能量。因为食品是人类赖以生存的基本物质条件，所以对食品的营养价值、质量、安全性和风味特征的研究，阐明食品的化学组成、结构理化性质和功能特性，以及它们在生产、加工、储存和运销过程中的化学和生物化学变化，以及食品成分与人体健康和疾病之间的关系就显得非常重要。食品化学的研究内容主要为：

① 研究食品中营养成分，呈色、香、味成分和有害成分的化学组成、性质、结构和功能；

② 阐明食品成分之间在生产、加工、储存、运输中的各类化学变化，即化学反应历程、中间产物和最终产物的结构及其对食品的品质和卫生安全性的影响；

③ 研究食品储藏和加工的新技术，开发新的产品和新的食品资源以及新的食品添加剂等；

④ 研究食品中化学反应的动力学及其环境因素的影响。

根据研究内容的主要范围，食品化学主要包括食品营养成分化学、食品色香味化学、食品工艺化学、食品物理化学和食品有害成分化学。根据研究的物质分类，食品化学主要包括：食品碳水化合物化学、食品油脂化学、食品蛋白质化学、食品酶学、食品添加剂化学、维生素化学、食品矿物质元素化学、调味品化学、食品风味化学、食品色素化学、食品毒物化学、食品保健成分化学。另外，在生活饮用水处理、食品生产环境保护、活性成分的分离提取、农产品资源的深加工和综合利用、生物技术的应用、绿色食品和有机食品以及保健食品的开发、食品加工、包装、储藏和运销等领域中还包含着丰富的其他食品化学内容。

四、食品化学的研究方法与技术

食品化学的研究方法主要是通过实验和理论探讨从分子水平上分析和综合认识食品物质变化的方法。食品化学的研究方法区别于一般化学的研究方法，是把食品的化学组成、理化性质及变化的研究同食品的品质和安全性研究联系起来。因此，确定关键的化学和生物化学反应是如何影响食品的质量和安全，并将这种知识应用于食品配制、加工和储藏过程中可能遇到的各种情况是食品化学的基本研究方法。

食品化学的试验应包括理化试验和感观试验。理化试验主要是对食品进行成分分析和结构分析，即分析试验系统中的营养成分、有害成分、色素和风味物质的存在、分解、生成量和性质及其化学结构；感观试验是通过人的直观检评来分析试验系统的质构、风味和颜色的变化。

由于食品是一个非常复杂的体系，在食品的配制、加工和储藏过程中将发生许多复杂的变化，因此为了给分析和综合提供一个清晰的背景，通常采用一个简化的、模拟的食品体系来进行实验，再将所得的实验结果应用于真实的食品体系。可是这种研究方法由于使研究的对象过于简单化，由此得到的结果有时很难解释真实的食品体系中的情况，因此在应用该研究方法时，应清楚该研究方法的不足。

食品化学是食品科学学科中发展很快的一个领域。近几十年来，在食品加工和储藏过程中引入了大量的高新技术，如微胶囊技术、膜分离技术、超临界萃取技术、新灭菌技术、复合包装材料、微波技术、超微粉碎技术、可食用膜技术等。这些技术推动了食品化学的发展，也对食品化学的研究方法提出了更高的要求。例如，在微胶囊技术中，壁材中各个组分的结构和性质，各组分之间的相互作用以及它们对微胶囊产品超微结构的影响，都是食品化学研究的课题。这就需要应用更先进的分析和测试手段，从宏观、分子水平和超微结构3个方面着手将这项高新技术正确地应用于食品工业。

五、食品化学在食品工业中的作用

食品化学或许是食品科学学科中涉及范围最宽的一门课程，它的内容还包括食品毒理学、食品营养化学以及食品营养价值和毒物的生物检验技术；食品化学还涉及味觉和嗅觉原理。了解食品化学原理和掌握食品化学技术是从事食品科技工作必不可少的条件之一。食品化学已成为食品科学专业或相关专业必修的课程。

农业和食品工业是生物工程最广阔的应用领域之一，生物工程的发展为食用农产品的品质改造、新食品和食品添加剂以及酶制剂的开发拓宽了道路，但生物工程在食品中应用的成功与否依赖于食品化学：首先，必须通过食品化学的研究来指明原有生物原料的物性有哪些需要改造和改造的关键在哪里，指明何种食品添加剂和酶制剂是急需的以及它们的结构和性质如何；其次，生物工程产品的结构和性质有时并不和食品中的应用要求完全相同，需要进一步分离、纯化、复配、化学改性和修饰，在这些工作中，食品化学具有最直接的指导意义；最后，生物工程可能生产出传统食品中没有用过的材料，需由食品化学研究其在食品中利用的可能性、安全性和有效性。

近20年来，食品科学与工程领域发展了许多高新技术，并正在逐步把它们推向食品工业的应用。例如可降解食品包装材料、生物技术、微波食品加工技术、辐照保鲜技术，超临界萃取和分子蒸馏技术、膜分离技术、活性包装技术、微胶囊技术等，这些新技术实际应用的成功关键依然是对物质结构、物性和变化的把握，因此它们的发展速度也紧紧依赖于食品化学在这一新领域内的发展速度。总之，食品工业中的技术进步，大都是由于食品化学发展的结果，因此食品化学的继续发展必将继续推动食品工业以及与之密切相关的农、牧、渔、副等各行各业的发展。

复　习　题

1. 什么是食品和食品化学？
2. 食品化学的研究内容和领域是什么？
3. 食品化学在食品科学中的地位如何？
4. 食品化学的基本研究方法是什么？
5. 试述食品中主要的化学变化及对食品品质和食品安全性的影响。
6. 食品化学在食品工业中有何作用？

第二章　水　和　冰

第一节　概　述

水是食品的主要组成成分（表 2-1），是生物体内含量最高的成分，一般占总重的 70%～90%。水的含量、分布和取向不仅对食品的结构、外观、质地、风味、新鲜程度和腐败变质的敏感性产生极大的影响，而且对生物组织的生命过程也起着至关重要的作用。水在食品储藏加工过程中作为化学和生物化学反应的介质，又是水解过程的反应物。水与蛋白质、多糖和脂类通过物理相互作用影响食品的质构。

表 2-1　常见食品中水分含量　　　　　　　　　　单位：%

	食　品	含水量		食　品	含水量
肉类	猪肉	53～60	水果	香蕉	75
	牛肉(碎块)	50～70		樱桃、梨、葡萄、柿子、菠萝	80～85
	鸡(无皮肉)	74		苹果、桃、橘、葡萄柚、甜橙	85～90
	鱼(肌肉蛋白)	65～81		草莓、杏、椰子	90～95
粮谷焙烤类	全粒谷物	10～12	乳制品	奶油	15
	面粉、粗燕麦粉、粗面粉	10～13		奶酪(含水量与品种有关)	40～75
	面包	35～45		奶粉	4
	饼干	5～8		冰激凌	65
	馅饼	43～59		人造奶油	15

水在生物体内的功能可概括为：①稳定生物大分子的构象，使之表现出特异的生物活性；②作为体内通用的介质，使各类生物化学反应得以顺利进行，在许多反应中，水又是反应物或生成物，参与了反应；③用作营养物质或代谢废物的载体，把它们输送到生物体的各有关部位；④由于水的热容量大，故可用来调节温度、平衡温度；⑤对体内各运动部位起润滑作用。

水对食品的色泽、风味及对食品营养的消化、吸收与利用都有十分重要的作用。食品中的水分是引起食品化学性质及微生物繁殖的重要原因之一，因而直接关系到食品的储藏特性。食品加工用水的水质直接影响到食品的品质和加工工艺。相反，水的存在也为微生物的生长繁殖，为一些促使食品腐败变质的反应创造了适宜环境，在食品的加工储运过程中，都是值得重视的问题。因此，全面了解食品中水的特性及其对食品品质和保藏性的影响，则对食品加工具有重要意义。

第二节 食品中水与冰的结构和性质

一、食品中水的结构

水分子是由两个氢原子和一个氧原子的单键结合成的非线性极性共价化合物。两个 O—H 极性键组成的键角为 104°，氧原子在分子的一端，两个氢原子在分子的另一端，见图 2-1(a)。因为氧原子对共用电子对具有强烈的吸引力，使氧原子这一端带有部分负电荷，氢原子带有部分正电荷，由于结构的不对称，所以水分子是极性分子。于是水分子之间便形成氢键，使 2 个、3 个、4 个……水分子缔合成较大的分子，见图 2-1(b)，用 $n\,H_2O \rightleftharpoons (H_2O)_n$ 表示。缔合过程是放热过程，所以温度升高时缔合程度下降，达到水的沸点时，水蒸气中的水分子以单个分子存在。温度低时缔合程度高，当水结成冰时，每个水分子被其他 4 个水分子包围，形成不紧凑的结构，所以水结冰后体积增大。

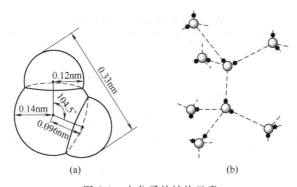

(a)   (b)

图 2-1　水分子的结构示意

二、食品中冰的结构

冰是水分子有序排列形成的晶体结构。水在低温下转变成冰时分子之间依靠氢键连接在一起形成密度很低的稀疏刚性结构。此时，每个水分子通过氢键与相邻的 4 个水分子结合，形成了具有稳定的四面体结构的冰，普通冰属于六方晶系的六方形双锥体结构，如图 2-2 所示。

三、食品中水与冰的性质

水与元素周期表中邻近氧的某些元素的氢化物，例如 CH_4、NH_3、HF、H_2S

等的物理性质比较，除了黏度外，其他性质均有显著差异。水的熔点、沸点比这些氢化物要高得多，介电常数、表面张力、热容和相变热（熔融热、蒸发热和升华热）等物理常数也都异常高，但密度较低。

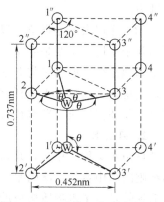

图 2-2 0℃时普通冰的晶胞结构

水的这些热学性质对于食品加工中冷冻和干燥过程有重大影响，水的密度较低，水结冰时体积增加，表现出异常的膨胀特性，这会导致食品冻结时组织结构的破坏。与其他液体相比，水的热导率也是较大的，而冰与其他非金属固体相比，热导性属中等程度。0℃时冰的热导值约为同一温度下水的 4 倍，这说明冰的热传导速度比非流动的水（如生物组织中的水）快得多。从水和冰的热扩散值可看出冰的热扩散速度约为水的 9 倍，这表明在一定的环境条件下，冰的温度变化速度比水大得多。因而可以解释在温差相等的情况下，为什么冷冻速度比解冻速度更快，现代冻藏工艺提倡速冻，因为该工艺下形成的冰晶体呈针状，比较细小，冻结时间缩短且微生物活动受到更大限制，因而食品品质好。

第三节　食品中水的类型

食品中含有大量的水分，水与食品中各种不同成分以不同方式结合，如：水与离子或离子基团可以形成双电层结构、水与具有氢键结合能力的中性基团之间可以形成氢键、水分子在其他大分子之间可以形成"水桥"，所以新鲜的动、植物组织和一些固态食物中虽含有大量水分，但在切开时一般都不会大量流失，这是因为水分子被其他成分截留的缘故。

根据食品中水分与其他成分结合强弱程度不同，可将食品中的水分为自由水和结合水。

1. 结合水

结合水又称为束缚水、固定水，通常是指存在于溶质或其他非水组分附近的，与溶质分子之间通过化学键结合的那部分水。根据结合水被结合的牢固程度的不同，结合水也有几种不同的形式。

（1）化合水　是结合得最牢固的，构成非水物质组成的那些水，例如，作为化学水合物中的水。

（2）邻近水　它是处在非水组分亲水性最强的基团周围的第一层位置，与离子或离子基团缔合的水是结合最紧密的邻近水。主要的结合力是水-离子和水-偶极缔合作用，其次是一些具有呈电离或离子状态的基团的中性分子与水形成的水-溶质氢键力。

（3）多层水　是指位于以上所说的第一层的剩余位置的水和在邻近水的外层形成的几个水层，主要是靠水-水和水-溶质间氢键而形成。尽管多层水不像邻近水那样牢固地结合，但仍然与非水组分结合得紧密，且性质与纯水的性质也不相同。因此，这里所指的结合水包括化合水和邻近水以及几乎全部多层水。食品中大部分的结合水是和蛋白质、碳水化合物等相结合的。

2. 自由水

自由水又称体相水，是指没有被非水物质化学结合的水。是存在于组织、细胞和细胞间隙中容易结冰的水。食品中通常含有动、植物体内天然形成的毛细管，因为毛细管是由亲水物质构成的，并且毛细管的内径很细，毛细管有较强的束缚水的能力，把保留在毛细管的水称为毛细管水，它属于自由水。动物的血浆、淋巴和尿液、植物的导管和细胞内液泡中的水，可以自由流动，又叫自由流动水，也属于自由水。自由水具有水的全部性质。自由水在－40℃以下可以结冰；在食品内可以作为溶剂；自由水可以以液体形式移动，在气候干燥时也可以以蒸汽形式逸出，使食品中含水量降低；在潮湿的环境中食品容易吸收一定量的水分，使含水量增加。所以食品中的含水量随着周围环境湿度的变化而改变。微生物可以利用自由水生长繁殖，各种化学反应也可以在其中进行，因此，自由水的含量直接关系着食品的储藏和腐败。

食品中两类水的特征见表 2-2。

表 2-2　食品中水的特征比较

项　目	结　合　水	自　由　水
一般描述	存在于溶质或其他非水组分附近的那部分水。包括化合水和邻近水以及几乎全部多层水	位置上远离非水组分，以水-水氢键存在
冰点（与纯水比较）	冰点大为降低，甚至在－40℃不结冰	能结冰，冰点略微降低
溶剂能力	无	大
食品中比例	0.03%～3%	约96%

第四节　水分活度

一、水分活度定义

早在1957年斯考特对大量研究进行系统的归纳后提出，决定微生物是否能对某种食品进行作用并使其破坏的主要因素，是该食品所具有的水分活度，而不仅仅是水分含量。也就是说，食品水分活度与食品含水量是两个不同的概念。通常食品的含水量是指在一定温度、湿度等外界条件下，处于平衡状态时的食品水分含量。

然而，已经发现不同类型食品虽然水分含量相同，但它们的耐储藏性和腐败情况有较大差异。为了定量说明食品水分含量和腐败之间的关系，引入水分活度概念。

根据平衡热力学定律，食品体系水分活度（A_w）定义为：水分活度是指食品中水的蒸气压和该温度下纯水的饱和蒸气压的比值。即

$$A_w = \frac{p}{p_0}$$

式中　A_w——水分活度；

　　　　p——一定温度下食品中水蒸气分压；

　　　　p_0——同温度下纯水的饱和水蒸气分压。

水分活度是 $0\sim1$ 之间的数值。纯水的 $A_w=1$。因溶液的蒸气压降低，所以溶液的 A_w 小于1。如前所述，食品中的水总有一部分是以结合水的形式存在的，而结合水的蒸气压远比纯水的蒸气压低得多，故此，食品的水分活度总是小于1。食品中结合水的含量越高，水分活度越低。水分活度反映了食品中的水分存在形式和被微生物利用的程度。

二、水分活度与食品含水量的关系

食品水分活度与食品含水量是两个不同的概念，食品的含水量是指在一定温度、湿度等外界条件下，处于平衡状态时的食品水分含量；而水分活度主要决定自由水的含量，两者之间并没有明确的定量关系。一般来说：食品的水分活度越大，水分含量也越多，但具有相同水分活度的不同食品，水分含量可能差距很大，如表2-3所示。这主要是在不同的食品中，化学组成不同，可溶性物质或其他成分与水的作用力各不相同的缘故。

表2-3　某些食品的含水量（$A_w=0.7$）　单位：g水/g干物质

食　品	含水量	食　品	含水量	食　品	含水量
凤梨	0.28	大豆	0.10	鸡肉	0.18
苹果	0.34	干淀粉	0.13	卵白	0.15
香蕉	0.25	干马铃薯	0.15	鱼肉	0.21

三、等温吸湿曲线

1. 等温吸湿曲线的定义

在恒定的温度下，以食品的水分含量（用每单位质量干物质中水的质量来表示）为纵坐标，以 A_w 为横坐标作图得到水分等温吸湿曲线（图2-3）。

水分等温吸湿曲线在食品加工过程中主要作用有：①由于水的转移难易程度与

水分活度有关，从等温吸湿曲线可看出食品的浓缩与脱水何时较易、何时较难，也可看出应当怎样组合食品才能防止水分在组合食品的各组成部分之间转移；②由于微生物生长和食品中许多化学与物理变化的速度与水分活度有关，从等温吸湿曲线可预测食品保持多大的含水量时方才稳定；③由于 A_w 是描述非水物质与水结合程度的物理量，所以从等温吸湿曲线可直接看出不同食品中非水成分与水结合能力的强弱。

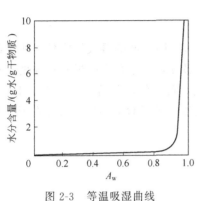

图 2-3　等温吸湿曲线

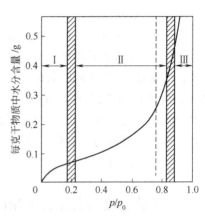

图 2-4　食品在低水分含量范围内的等温吸湿曲线

大多数食品的等温吸湿曲线呈 S 形。等温线上的每一点表示在一定温度下，当食品的水蒸气分压与环境水蒸气分压达到平衡时，食品水分活度与食品水分含量的对应关系。如果食品的水分活度值低于环境的相对湿度，则食品沿着吸附等温线吸湿；如果食品的水分活度值高于环境的相对湿度，则食品沿着解吸等温线散失水分。

2. 等温吸湿曲线的区域划分

为了深入理解等温吸湿曲线的意义和实际应用，将等温吸湿曲线分成三个区域（图 2-4）。

当向试样加入水时，试样的组成从Ⅰ区（干燥区）移至Ⅲ区（高水分区），处于各区的水的性质存在着相当大的差别。存在于Ⅰ区中的水，是食品中吸附最牢固和最不易流动的水，这部分水与试样的极性部分结合力最强，它在－40℃时不结冰，不能溶解溶质，对食品的固形物不产生增塑效应，相当于食品的一部分。在Ⅰ区的高水分末端（在Ⅰ区和Ⅱ区之间）位置的这部分水相当于单分子层结合水，属于该区间的水在高水分食品中这部分水仅占总水量的很小一部分。

Ⅱ区的水相当于多分子层结合水，它通过氢键与邻近的水以及溶质分子缔合，它的流动性较自由水差，其中大部分在－40℃不结冰。当水增加到靠近Ⅲ区低水分一端时，它对溶质产生了显著的增塑作用和促进溶胀作用。Ⅰ区和Ⅱ区的水一般占高水分食品中总水分含量的 5%以下。

Ⅲ区范围内增加的水，是食品中结合最不牢固和最容易流动的水，一般称之为体相水，包括在动植物组织内和组织间隔中的水以及细胞内的水和凝胶中束缚的水，这部分水流动性受到阻碍，但它与稀盐溶液中的水具有类似的性质。这是因为Ⅲ区的水被Ⅰ区、Ⅱ区中的水所隔离，溶质对它的影响很小，Ⅲ区的水通常占总水分的 95% 以上。任何食品试样中最易流动的水决定着食品的稳定性。

应该指出的是：划分区域主要是为了便于讨论。各区域的水不是截然分开的，也不是固定在某一个区域内，而是在区域内和区域之间都能发生交换。所以，吸湿等温线中各个区域之间有过渡带。

3. 滞后现象

对于食品体系，水分等温吸湿线（将水加入一个干燥的试样）很少与解吸等温线重叠，这一点从图 2-5 可以看出，吸湿曲线与解吸曲线并不重合，两条等温线不完全一致，这种现象叫做滞后现象。图中显示的具有一狭长细孔的环叫作滞后环。从图中还可以看出，在任何指定的 A_w，解吸过程中试样的水分含量大于吸湿过程中的水分含量。形成滞后的原因，除了食品品种和温度外，除去水分或加入水分发生的物理变化、解吸的速度和除去水分的程度等都会影响滞后环的形状。

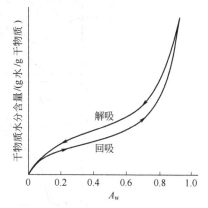

图 2-5 等温吸湿曲线的滞后现象

水分吸湿等温线的滞后现象具有实际意义。将鸡肉和猪肉的 A_w 调节到 $0.75 \sim 0.84$，如果采用解吸的方法，试样中脂肪氧化的速度要高于用吸湿的方法。因为解吸的试样相对吸湿试样在同样的水分活度下含有较多的水分，高水分试样具有较低的黏度，因而使催化剂具有较高的流动性，同时氧的扩散系数也较高。

第五节　水分活度与食品的稳定性

在大多数情况下，食品的稳定性与水分活度是紧密相关的，各种食品在一定条件下都有一定的水分活度，微生物的生长繁殖和生物化学反应也都有各自一定的水分活度范围，见图 2-6。掌握了它们的 A_w 值，对于控制食品加工的条件和稳定性有重要的指导作用。

一、水分活度对微生物生长繁殖的影响

食品在储存和销售过程中，微生物可能在食品中生长繁殖，影响食品质量，甚

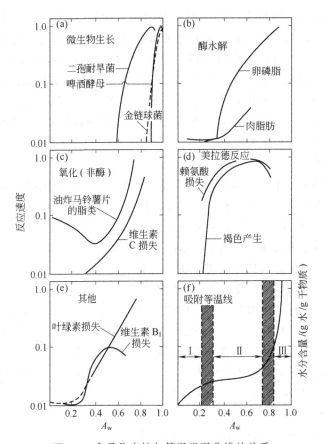

图 2-6　食品稳定性与等温吸湿曲线的关系

（a）微生物生长对 A_w；（b）酶水解对 A_w；（c）氧化（非酶）A_w；（d）美拉德褐变对 A_w；
（e）其他的反应速度对 A_w；（f）水分含量对 A_w；除（f）外，所有的纵坐标代表相对速度

至产生有害物质。各种微生物都要求适宜的水分活度范围，细菌最敏感，其次是酵母菌和霉菌。在一般情况下，$A_w < 0.90$ 时，细菌不生长；当 $A_w < 0.87$ 时大多数酵母菌受到抑制；$A_w < 0.80$ 时大多数霉菌不生长，表 2-4 介绍了部分食品的水分活度与微生物生长的关系，此表可为加工食品和保存食品提供参考，根据表中提供的数据，对不同食品应选择适宜保存的条件，可以防止或降低微生物对食品质量的不良影响。

二、水分活度对食品化学变化的影响

1. 对淀粉老化的影响

淀粉老化实际上是已糊化的淀粉分子在放置过程中，分子之间通过氢键又重新形成排列有序、结构致密、高度结晶化的、溶解度小的淀粉的过程。淀粉老化后，

表 2-4　食品中水分活度与微生物生长之间的关系

A_w 范围	在此水分活度范围内生长的微生物	在此水分活度范围内的食品
1.00～0.95	假单胞菌、大肠杆菌变形杆菌、志贺菌属、克霍伯菌属、芽孢杆菌、产气荚膜梭状芽孢杆菌、一些酵母	极易腐败变质(新鲜)食品、罐头水果、蔬菜、肉、鱼以及牛乳,熟香肠和面包,含有约40%蔗糖或7%氯化钠的食品
0.95～0.91	沙门杆菌属、溶血红蛋白弧菌、肉毒梭状芽孢杆菌、沙雷杆菌、乳酸杆菌属、足球菌、一些霉菌、酵母	一些干酪,腌制肉、一些水果汁浓缩物。含有55%蔗糖(饱和)或12%氯化钠的食品
0.91～0.87	许多酵母、小球菌	发酵香肠、松蛋糕、干的干酪、人造奶油、含65%蔗糖或15%氯化钠的食品
0.87～0.80	大多数霉菌、金黄色葡萄球菌、大多数酵母菌属	大多数浓缩果汁、甜炼乳、巧克力糖浆和水果糖浆、面粉、米、豆类食品、水果蛋糕、家庭自制火腿、重油蛋糕
0.80～0.75	嗜旱霉菌、二孢酵母	果酱、加柑橘皮丝的果冻、杏仁酥糖、糖渍水果、一些棉花糖
0.75～0.65	耐渗透压酵母、少数霉菌	含约10%水分的燕麦片、砂性软糖、棉花糖、果冻、糖蜜、粗蔗糖、一些干果、坚果
0.65～0.60	微生物不增殖	含15%～20%水分的果干、一些太妃糖与焦糖、蜂蜜
0.5	微生物不增殖	含约12%水分的酱、含约10%水分的调味料
0.4	微生物不增殖	含约5%水分的全蛋粉
0.3	微生物不增殖	含3%～5%水分的曲奇饼、脆饼干、面包硬皮等
0.2	微生物不增殖	含2%～3%水分的全脂奶粉,含约5%水分的脱水蔬菜,含约5%水分的玉米片、家庭自制的曲奇饼、脆饼干

食品的松软程度降低,并且影响酶对淀粉的水解,使食品变得难以消化吸收。影响淀粉老化的主要因素除温度以外,水分活度影响也很大。水分含量在30%～60%(水分活度较高)范围之间,淀粉容易老化。若水分含量降低到10%以下(水分活度低),淀粉的老化则不容易进行。富含淀粉的即食型食品(方便面、方便粥),就是将淀粉在糊化状态下,迅速脱水至10%以下,使淀粉固定在糊化状态,再用热水浸泡时,复水性能好。

2. 对蛋白质构象稳定性和蛋白质变性的影响

蛋白质分子中的极性键可以与水形成氢键,使蛋白质分子的表面覆盖一层水膜,这是蛋白质形成稳定亲水胶体的重要原因之一。氨基酸残基的非极性侧链之间的疏水作用有利于蛋白质分子折叠,水的存在有利于促使疏水基团的相互作用,使蛋白质形成稳定的三级结构。蛋白质的变性是维持蛋白质多肽链高级结构的肽键遭到破坏,引起了蛋白质性质的一系列变化。因为水能使蛋白质分子中可氧化的基团充分暴露,水中溶解氧的量也会增加,所以,水分活度的增大会加速蛋白质的氧化作用,使维持蛋白质空间结构的某些肽键受到破坏,导致蛋白质变性。据测定,当水分含量达 4% 时，蛋白质的变性仍能缓慢进行，若水分含量在 2% 以下，则不发生变性。

3. 对脂肪氧化酸败的影响

富含脂肪的食品很容易受空气中的氧、微生物的作用而发生氧化酸败。食品中的水分活度对氧化酸败的影响较为复杂。从水分活度极低值开始，氧化速度随着水分的增加而降低，原因是：当水分活度很低时，食品中的水与过氧化物结合，防止了它的分解，同时，这部分水也可以与金属离子水合，降低了它们催化氧化的效率，因而影响了氧化反应的进行；在 A_w 为 0.3～0.4 之间，氧化速度最慢；当 $A_w > 0.4$ 时，氧在水中的溶解度增加，并使含脂食品膨胀，暴露了更多的易氧化部位，加速了氧化速度；若再增加水分活度，又稀释了反应体系，反应速度又开始降低。

4. 对酶促褐变的影响

酶促褐变是在酶的催化作用下进行的。在一些浅色水果、蔬菜中容易发生。酶促褐变发生后，不仅影响产品的色泽、风味，也可能产生一些对营养有影响的物质。通过改变酶的作用条件，降低酶的活性，可以抑制酶促褐变的进行。酶的活性与分子构象关系密切，只有在适宜的水分活度时，酶的分子构象才能得到充分的发挥，表现出它的催化活性。同时，降低水分可使酶促褐变的底物物质难以移动，影响了底物物质与酶的接触机会，因而，控制水分活度就能有效地减慢或抑制酶促褐变的进行。

5. 对非酶褐变的影响

最常见的非酶褐变是美拉德反应，水分活度在 0.6～0.7 之间最容易发生非酶褐变。食品的水分在一定的范围内时，非酶褐变随着水分活度的增加而加速，随着水分活度降低褐变受到抑制；当水分活度降到 0.2 以下，褐变难于进行。如果水分活度大于褐变的高峰值，则因溶质受到稀释而导致褐变速度减慢。一般情况下，浓缩食品的水分活度正好位于非酶褐变最适宜的范围内，褐变容易发生。

6. 对水溶性色素分解的影响

山楂、葡萄、草莓等水果中含有水溶性的花青素，花青素溶于水时很不稳定，仅 1～2 周特有的色泽就会消失，但花青素在这些水果的制品中则很稳定。经长期储存也仅有轻微的分解。一般随着水分活度的增大，分解速度加快。

综上所述：降低食品的水分活度，可以抑制微生物的生长和繁殖；减缓酶促褐变和非酶褐变的进行；减少营养成分的损失；防止水溶性色素的分解。但是，水分活度过低，会使脂肪的氧化速度加快。

复 习 题

1. 水在食品中起什么作用？
2. 水的性质有哪些特点？

3. 食品中的水有哪几种存在状态？

4. 水对食品品质产生哪些影响？

5. 什么是食品的水分活度（A_w）？

6. 食品中水分含量用水分活度（A_w）来表示的意义是什么？

7. 水分活度与微生物之间有何关系？

8. 食品的水分活度（A_w）与食品的稳定性之间有何关系？

9. 水分含量与水分活度的关系如何？

10. 什么是滞后现象？

第三章 碳水化合物

第一节 概 述

一、碳水化合物的概念

碳水化合物是自然界中最丰富的一类天然有机化合物，是生物体维持生命活动所需能量的主要来源。因大多数糖类的分子式可以用 $C_n(H_2O)_m$ 的通式表示，故以前常把糖类称作碳水化合物。糖类广泛存在于植物界，它是谷类、薯类的主要成分，水果和某些蔬菜中含量也很多。动物自身不能制造糖类，必须由食物中摄取。糖类营养丰富、容易消化吸收，在生物体内，通过新陈代谢，糖类还可转化为蛋白质、脂类等。糖与脂类形成的糖脂是构成神经组织与细胞膜的主要成分。糖与蛋白质结合成的糖蛋白和黏蛋白具有重要的生理功能。糖类也是人类和动物从自然界摄取的主要能量物质之一。

碳水化合物是生物体维持生命活动所需能量的主要来源，是合成其他化合物的基本原料，同时也是生物体的主要结构成分。人类摄取食物的总能量中约 80% 由糖类提供，因此糖类是人类及动物的生命源泉。我国传统膳食习惯是以富含碳水化合物的食物为主食，但近年来随着动物蛋白质食物产量逐年增加和食品工业的发展，膳食的结构也在逐渐发生变化。

二、碳水化合物的分类

碳水化合物根据其水解情况分为单糖、低聚糖、多糖三类。

1. 单糖

单糖是食品中一类最简单的糖，是不能再被水解的糖单位。根据单糖分子中碳的原子数多少分为丙糖、丁糖和己糖等，含醛基官能团的糖称为醛糖，含酮基官能团的糖称为酮糖。自然界分布最广、意义重要的是五碳糖和六碳糖，如葡萄糖、果糖等。

2. 低聚糖

低聚糖又叫寡糖，是由 2~10 个单糖分子失水缩合而成的，水解后生成单糖。

分子间是通过糖苷键连接而成。它根据水解后生成单糖分子的数目，又可分为二糖、三糖、四糖、五糖等，食品中的低聚糖主要以二糖的形式存在，如蔗糖、麦芽糖。

3. 多糖

多糖是由 10 个以上单糖分子失水缩合而成的高分子化合物，其水解后可生成多个单糖分子，若多糖是由相同的单糖组成的称同聚多糖（或称均多糖），如淀粉、纤维素；由不相同的单糖组成称杂聚多糖（或称非均多糖），如果胶、半纤维素。

按多糖分子中有无支链进行分类，可分为直链多糖和支链多糖；按其功能性质不同进行分类，可分为结构多糖、储存多糖和糖原；按它的来源进行分类，可分为植物多糖、动物多糖和微生物多糖等。

三、食品中碳水化合物的含量

碳水化合物是自然界分布最广、数量最多的一类有机化合物，占所有陆生植物和海藻干重的 3/4，存在于所有的人类可食用的植物中，为人类提供了主要的膳食热量，还提供了良好的口感和大家喜爱的甜味。碳水化合物是食品的重要组成成分，不仅含量较高，而且种类很多，一些农产品中的碳水化合物含量见表 3-1～表 3-3。

表 3-1　水果中游离糖含量（鲜重计）　　单位：%

水　果	D-葡萄糖	D-果糖	蔗糖	水　果	D-葡萄糖	D-果糖	蔗糖
苹果	1.17	6.04	3.78	蜜橘	1.50	1.10	6.01
葡萄	6.86	7.84	2.26	甜柿肉	6.20	5.41	0.81
桃子	0.91	1.18	6.92	枇杷肉	3.52	3.60	1.32
梨子	0.95	6.77	1.61	杏	4.03	2.00	3.04
樱桃	6.49	7.38	0.22	香蕉	6.04	2.01	10.03
草莓	2.09	2.40	1.03	西瓜	0.74	3.42	3.11

表 3-2　蔬菜中的游离糖（鲜重计）　　单位：%

蔬　菜	D-葡萄糖	D-果糖	蔗糖	蔬　菜	D-葡萄糖	D-果糖	蔗糖
甜菜	0.18	0.16	6.11	洋葱	2.07	1.09	0.89
花椰菜	0.73	0.67	0.42	菠菜	0.09	0.04	0.06
胡萝卜	0.85	0.85	4.24	甜玉米	0.34	0.31	3.03
黄瓜	0.87	0.86	0.06	甘薯	0.33	0.30	3.37
莴苣	0.07	0.16	0.07	番茄	1.12	1.34	0.01

表 3-3　普通食品中的糖含量　　单位：%

食　品	糖含量	食　品	糖含量
可口可乐	9	橙汁	10
脆点心	12	蛋糕(干)	36
冰激凌	18	番茄酱	29

我们的主食小麦粉、稻米、玉米等均含有 70％～80％ 的糖类。动物性食品，也都含有一定量的糖类。糖类的性质与食品的性质密切相关。例如糖可使食品具有甜味和黏弹性，使焙烤食品具有诱人的香味等。糖类的性质还直接影响食品的储藏。

第二节　单　糖

一、单糖的结构

单糖是最简单的碳水化合物，按照羰基在分子中的位置可分为醛糖或酮糖，依分子中碳原子的数目，单糖可依次命名为丙糖、丁糖、戊糖及己糖等，分子中碳原子数≥3 的单糖因含手性碳原子，所以有 D 及 L 两种构型，天然存在的单糖大多为 D-型，单糖中最重要的是戊糖和己糖，图 3-1 所示为自然界存在的重要的常见单糖结构。

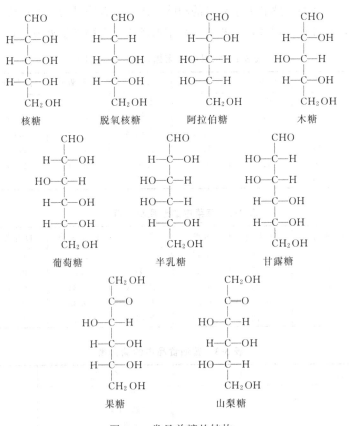

图 3-1　常见单糖的结构

单糖不仅以直链形式存在，还以环状形式存在。单糖分子的羰基可以与糖分子本身的一个羟基反应，形成分子内的半缩醛或半缩酮，形成五元呋喃糖环或更稳定的六元吡喃糖环。天然的糖多以六元环的形式存在，如葡萄糖可形成立体构型不同的 α 和 β 两种异构物，其透视式见图 3-2。

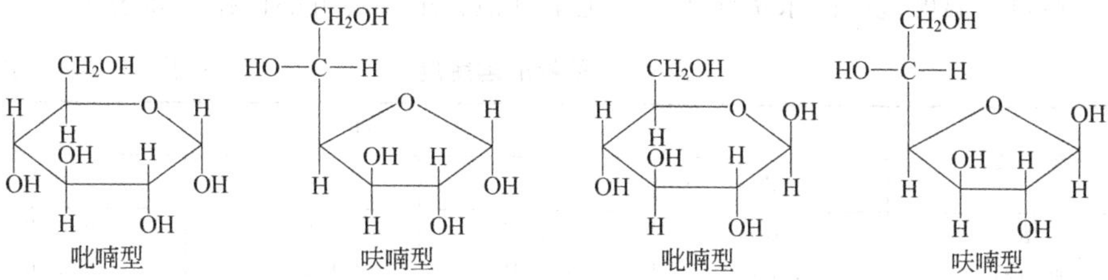

(a) α-D-葡萄糖　　　　　　　　　　(b) β-D-葡萄糖

图 3-2　葡萄糖的环式结构

二、单糖的性质

（一）物理性质

1. 甜度

甜味是糖的重要物理性质，甜味的强弱是用甜度来表示的，但甜度目前还不能用物理或化学方法定量测定，只能采用感官比较法，因此所获得的数值只是一个相对值，通常以蔗糖（非还原糖）为基准物。一般以 10% 或 15% 的蔗糖水溶液在 20℃时的甜度为 1.0，则果糖的甜度为 1.5，葡萄糖的甜度为 0.7，由于这种甜度是相对的，所以又称为比甜度。表 3-4 列出了一些单糖的比甜度。

表 3-4　单糖的比甜度

糖类名称	比甜度	糖类名称	比甜度
蔗糖	1.00	半乳糖	0.27
葡萄糖	0.70	甘露糖	0.59
呋喃果糖	1.50	木糖	0.50

就天然糖而言，果糖最甜，葡萄糖次之，半乳糖又次之，乳糖最不甜。各种糖甜度大小次序为：果糖＞转化糖＞蔗糖＞葡萄糖＞木糖＞鼠李糖＞麦芽糖＞半乳糖＞棉籽糖＞乳糖。转化糖（水解后的蔗糖，含自由葡萄糖和果糖）及蜂蜜糖一般较甜，是因为含有一部分果糖的关系，多糖无甜味。

2. 旋光性

旋光性是一种物质使直线偏振光的振动平面发生旋转的特性。旋光方向以符号表示：右旋为 D 或（＋），左旋为 L 或（－）。除丙酮糖外，其余单糖分子结构中均含有手性碳原子，故都具有旋光性，旋光性是鉴定糖的一个重要指标。

3. 溶解度

单糖分子中的多个羟基增加了它的水溶性，尤其是在热水中的溶解度，但不能溶于乙醚、丙酮等有机溶剂。各种单糖的溶解度不相同，果糖的溶解度最高，其次是葡萄糖。溶解过程是以水的偶极性为基础的，温度对溶解过程和溶解速度具有决定性影响，在每一温度范围内水都能溶解一定量（饱和量）的可溶性糖，如表 3-5。

表 3-5　单糖的溶解度　　　　　　　　　单位：g/100g 水

糖　类	溶　　解　　度			
	20℃	30℃	40℃	50℃
果糖	374.78	441.70	538.63	665.58
葡萄糖	87.67	120.46	162.38	243.76

糖的溶解度大小还与温度和渗透压密切相关。果糖的溶解度在糖类中最高，在 20～50℃ 的温度范围，它的溶解度为蔗糖的 1.88～3.1 倍。果酱、蜜饯类食品，就是利用高浓度糖的保存性质。糖浓度只有在 70％ 以上才能抑制酵母、霉菌的生长。在 20℃ 时，单独的蔗糖、葡萄糖、果糖最高浓度分别为 66％，50％ 与 79％，故只有果糖具有较好的食品保存性，而单独使用蔗糖或葡萄糖均达不到防腐保质的要求。

4. 吸湿性与保湿性

吸湿性是指糖在空气湿度较高的情况下吸收水分的性质。保湿性是指糖在较低空气湿度条件下保持水分的性质。这两种性质对于保持食品的弹性、柔软性及储存加工都有重要的意义。不同的糖吸湿性不一样，在所有的糖中，果糖的吸湿性最强，葡萄糖次之，所以用果糖或果葡糖浆制作面包、糕点、软糖等食品，效果较好。

5. 结晶性

单糖中葡萄糖易结晶，但晶体细小，果糖和转化糖较难结晶。淀粉糖浆是葡萄糖、低聚糖和糊精的混合物，不会结晶，并能防止蔗糖结晶。在糖果制造时，要应用糖结晶性质上的差别，来合理选用糖的种类。

6. 其他性质

单糖的黏度很低，比蔗糖低，通常糖的黏度是随着温度的升高而下降，但葡萄糖的黏度则随温度的升高而增大。在食品生产中，可借助调节糖的黏度来改善食品的稠度和适口性。单糖的水溶液与其他溶液一样，具有冰点降低、渗透压增大的特点。糖溶液冰点的降低与渗透压的增大与其浓度和分子质量有关。糖液浓度增高，分子质量变小，则其冰点降低得多，而渗透压增大。单糖溶液还具有抗氧化性，有利于保持水果的风味、颜色和维生素 C 的含量。

（二）化学性质

1. 氧化与还原反应

单糖含有自由醛基或酮基具还原性，都能发生氧化作用。氧化产物与试剂的种类及溶液的酸碱度有关。糖类在碱性溶液中的还原作用常被用来作为还原糖的定性及定量依据。如含有碱性酒石酸铜的费林试剂和具有碱性柠檬酸铜的班氏试剂，常用于单糖的定性和定量测定。在酸性溶液中醛糖比酮糖易于氧化。例如，醛糖能被弱氧化剂溴水氧化，而酮糖不能，因此可用此法区分醛糖和酮糖。

在某些酶的作用下，一些糖还可以发生伯醇基氧化反应（醛基不被氧化），如葡萄糖、半乳糖等醛糖能够发生伯醇基氧化反应生成糖醛酸。糖醛酸是组成果胶、半纤维素、黏多糖等的重要成分。

与醛、酮相似，单糖分子中的醛基或酮基也能被还原剂还原为醇，如：葡萄糖可还原为山梨糖醇；果糖可还原为山梨糖醇和甘露醇的混合物，木糖被还原为木糖醇，山梨糖醇的甜度为蔗糖的 50%，可用于糕点、糖果、香烟、调味品及化妆品的保湿剂，亦可用于制取抗坏血酸。木糖醇的甜度为蔗糖的 70%，可以替代蔗糖作为糖尿病患者的疗效食品或抗龋齿的胶姆糖的甜味剂，目前木糖醇已被广泛用于制造糖果、果酱、饮料等食品。

2. 异构化反应

在组成相同的不同单糖中，若多个手性碳原子中，只有一个手性碳原子的构型不同，其他碳原子的构型都完全相同，这样的旋光异构体称为差向异构体。如 D-葡萄糖和 D-甘露糖互为差向异构体。单糖在冷、稀碱溶液中，α-C 上的氢受羰基和羟基的影响变得很活泼，极易转到羰基上，形成烯醇式中间体，然后转为它的异构体，这种异构作用叫做差向异构化。如 D-葡萄糖在稀、冷的 NaOH 溶液中，有一部分变为果糖和甘露糖，成为三者的平衡混合物（图 3-3）。D-甘露糖或 D-果糖同法处理也得该结果。

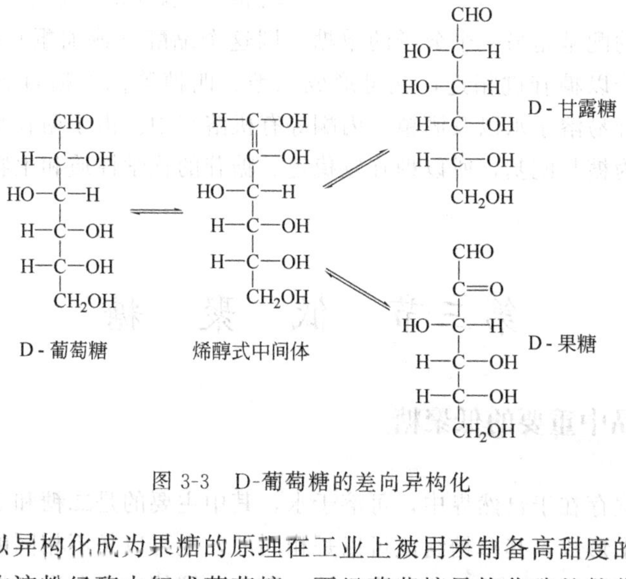

图 3-3　D-葡萄糖的差向异构化

葡萄糖可以异构化成为果糖的原理在工业上被用来制备高甜度的果葡糖浆。先利用廉价的谷物淀粉经酶水解成葡萄糖，再经葡萄糖异构化酶的催化作用转化为甜度高的果糖,从而制得含 40％以上果糖的果葡糖浆。

3. 成苷反应

单糖环状结构中的半缩醛(或半缩酮)羟基较分子内的其他羟基活泼,故可与醇或酚等含羟基的化合物脱水形成缩醛(或缩酮)型物质,这种物质称为糖苷,又称配糖物。糖苷中的糖部分称为糖基,非糖部分称为配基(图 3-4)。

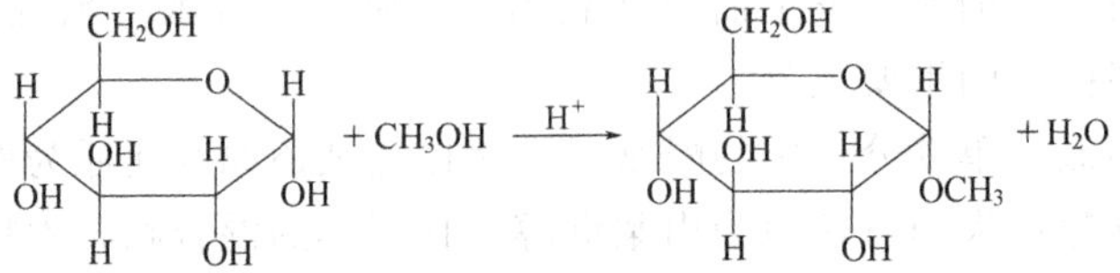

图 3-4 葡萄糖苷的形成

糖苷广泛存在于植物的根、茎、叶、花和果实中。许多具有很高经济价值和药用价值的植物色素、生物碱等的有效成分都是糖苷,其配基都是很复杂的化合物。动物、微生物体内也有许多苷类化合物,如核糖和脱氧核糖与嘌呤或嘧啶碱形成的糖苷称核苷或脱氧核苷,在生物学上具有重要意义。

但在某些食物中存在着另一类重要的糖苷,即生氰糖苷(如苦杏仁糖苷),水解后能产生氢氰酸,将会引起氰化物中毒,为防止中毒,最好不食用或少食用这类氰苷含量高的食品(如杏仁、木薯、高粱、竹笋和菜豆等),或者将这些食品收获后短时期储存,并经过蒸煮后充分去除氰化物后再食用。

$$苦杏仁苷 + H_2O \xrightarrow{\text{完全水解}} C_6H_5CHO + HCN + C_6H_{12}O_6$$
$$\qquad\qquad\qquad\qquad\qquad\ \ 苯甲醛\quad 氢氰酸\quad 葡萄糖$$

如果糖苷的配基是另一个分子的单糖,则这个缩醛(或缩酮)就是一个双糖,更多的单糖分子以糖苷键相连,就可形成三糖、四糖等低聚糖直到多糖。糖苷味苦,大多数糖苷易溶于水以及酒精、丙酮等有机溶剂中。由于糖苷是缩醛,需要水解后才能分解为糖与配基,所以糖苷较稳定。糖苷的化学性质和生物功能主要由配基决定。

第三节 低 聚 糖

一、食品中重要的低聚糖

低聚糖普遍存在于自然界中,可溶于水,其中主要的是二糖和三糖,它们是由两分子单糖失水形成,其单糖组成可以是相同的,也可以是不相同的,故可分为同聚二糖(如麦芽糖、异麦芽糖、纤维二糖、海藻二糖等)和杂聚三糖(如蔗糖、乳糖、蜜二糖等）。天然存在的二糖还可分为还原性二糖和非还原性二糖。

1. 蔗糖

经测定证明，蔗糖是由 1 分子 α-D-葡萄糖上的半缩醛羟基与一分子 β-D-果糖的半缩醛羟基失去 1 分子水，通过 $\alpha,\beta(1\rightarrow2)$ 糖苷键连接而成的二糖（图 3-5）。

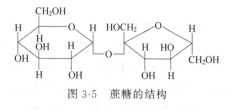

图 3-5　蔗糖的结构

蔗糖分子中无游离半缩醛羟基，因此它没有还原性。蔗糖是无色结晶，易溶于水。蔗糖的比旋光度为 +52.2°。在稀酸或蔗糖酶的作用下，水解得到葡萄糖和果糖的等量混合物，该混合物的比旋光度为 −19.8°。由于在水解过程中，溶液的旋光度由右旋变为左旋，因此通常把蔗糖的水解作用称为转化作用。转化作用所生成的等量葡萄糖与果糖的混合液称为转化糖。

在烘制面包的面团中，蔗糖是不可缺少的添加剂，它不仅有利于面团的发酵，而且在面包的烘烤过程中，蔗糖产生的焦糖化反应能增进面包的颜色。蔗糖被摄入人体后，在小肠中因蔗糖酶的作用，水解生成葡萄糖和果糖而被人体吸收。蔗糖由于具有极大的吸湿性和溶解性，因此能形成高度浓缩的高渗透压溶液，对微生物有抑制效应。

2. 麦芽糖

麦芽糖是由 2 分子 α-D-葡萄糖通过 1,4-糖苷键结合而成（图 3-6）。因此麦芽糖分子中仍保留了一个半缩醛羟基，是典型的还原糖，所以麦芽糖具有变旋光现象，能够成苷，可发生氧化和还原作用。麦芽糖在麦芽糖酶作用下水解可产生 2 分子 α-D-葡萄糖。麦芽糖为白色晶体，易溶于水，甜度为蔗糖的 46%，比旋光度为 +136°。麦芽糖和蔗糖一样是可发酵性的糖。麦芽糖在自然界以游离态存在的很少，主要存在于发芽的谷粒，尤其是麦芽中，在淀粉酶的作用下，可使淀粉水解为糊精和麦芽糖的混合物，其中麦芽糖占 1/3，这种混合物是饴糖的主要成分。

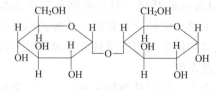

图 3-6　麦芽糖的结构　　　　　　　图 3-7　乳糖的结构

3. 乳糖

乳糖存在于哺乳动物的乳汁中，人乳中含量为 5%～8%，牛羊乳中含量为 4%～5%，乳糖的甜度仅为蔗糖的 39%。乳糖是 1 分子 D-半乳糖与 1 分子 D-葡萄糖以 β-1,4-糖苷键连接得到的二糖（图 3-7），因分子结构中保留了葡萄糖的半缩醛羟基，故乳糖具有还原性，并出现变旋现象，能被酸、苦杏仁酶和乳糖酶水解。乳糖的存在可促进婴儿肠道双歧杆菌的生长。乳酸菌使乳糖发酵变为乳酸。在乳糖酶的作用下，乳糖可水解成 D-葡萄糖和 D-半乳糖而被人体吸收。

二、低聚糖的性质

1. 褐变反应

食品在加热处理过程中常发生色泽与风味的变化，如蛋白饮料、焙烤食品、油炸食品、酿造食品中的褐变现象，均与食品中的糖类密切相关。低聚糖发生褐变的程度，尤其是参与美拉德反应的程度相对单糖较小。

某些食品如烘烤食品、酿造食品等为了增加色泽和香味，适当的褐变是必要的，但某些食品，如牛奶、豆奶等蛋白饮品以及果蔬脆片则对褐变反应敏感，应加以控制，以防止变色对质量产生不利影响。

2. 黏度

糖浆的黏度特性对食品加工具有现实意义。蔗糖的黏度比单糖高，低聚糖的黏度多数比蔗糖高，在一定黏度范围可使由糖浆熬煮而成的糖膏具有可塑性，以适合糖果工艺中的拉条和成形的需要。在搅拌制作蛋糕的蛋白时，加入熬好的糖浆，就是利用其黏度来包裹稳定蛋白中的气泡。

3. 抗氧化性

糖液具有抗氧化性，因为氧气在糖溶液中的溶解度大大减少，如在 20℃ 时，60% 的蔗糖溶液中，氧气溶解度约为纯水的 1/6。糖液可延缓糕饼中油脂的氧化酸败，也可用于防止果蔬氧化，它可隔阻水果与大气中氧的接触，使氧化作用大为降低，同时可防止水果挥发性酯类的损失。若在糖液中加入少许抗坏血酸和柠檬酸则可以增强其抗氧化效果。

4. 发酵性

糖类发酵对食品具有重要的意义，酵母菌能使麦芽糖、蔗糖、甘露糖等发酵生成酒精，同时产生 CO_2，这是酿酒生产及面包疏松的基础。但各种糖的发酵速度不一样，大多数酵母发酵糖的顺序为葡萄糖＞果糖＞蔗糖＞麦芽糖。乳酸菌除可发酵上述糖类外，还可发酵乳糖产生乳酸。但大多数低聚糖却不能被酵母菌和乳酸菌等直接发酵，低聚糖要在水解后产生单糖才能被发酵。

由于蔗糖具有发酵性，故在某些食品的生产中，可用其他甜味剂代替，以避免微生物生长繁殖而引起食品变质或汤汁混浊现象的发生。

5. 吸湿性、保湿性与结晶性

低聚糖多数吸湿性较小，因此可作为糖衣材料，或用于硬糖、酥性饼干的甜味剂。蔗糖易结晶，晶体粗大；淀粉糖浆是葡萄糖、低聚糖和糊精的混合物，不能结晶，并可防止蔗糖结晶，在糖果生产中，就需利用糖结晶性质上的差别，例如生产硬糖不能单独使用蔗糖，否则，当熬煮到水分小于 3% 时冷却下来，就会出现蔗糖结晶破裂而得不到透明坚韧的产品。如果在生产硬糖时添加适量的淀粉糖浆，则会得到相当好的效果。这是因为淀粉糖浆不含果糖，吸湿性较小，糖果保存性好，同时因淀粉糖浆中糊精不结晶，能增加糖果的黏性、韧性和强度，糖果不易破裂。对于蜜饯需要高糖浓度，若使用蔗糖易产生返砂现象，不仅影响外观且防腐效果降低，因此可利用果糖或果葡糖浆的不易结晶性，适当添加果糖或果葡糖浆替代蔗糖，可大大改善产品的品质。

第四节　多　　糖

一、概述

多糖是由多个单糖分子通过糖苷键连接而成的一类复杂的高分子化合物，它一般由 10 个以上单糖分子缩合而成。自然界中植物、动物、微生物都含有多糖。按多糖的组成成分，可将其分为同聚多糖和杂聚多糖两种，同聚多糖由某一种单糖组成，杂聚多糖由一种以上的单糖或其衍生物组成，其中有的还含有非糖物质。

常见的同聚多糖有淀粉、糖原、纤维素等。大多数多糖是不溶于水和难以消化的，如蔬菜、水果中纤维素和半纤维素，食品中的膳食纤维能促进肠道的蠕动，有利于人体健康；食品中其余的多糖则是可消化的，水溶或在水中可分散的，习惯上将水溶性的多糖叫做亲水胶体或胶。不同的水溶性多糖分子可形成不同特性的凝胶，同时亲水胶体还具有多种用途，如作增稠剂，胶凝剂、稳定剂、成膜剂、澄清剂、絮凝剂、缓释剂、胶囊剂等，因此在使用时，应根据不同需要选择不同的亲水胶体。多糖无甜味，也无还原性。多糖在酶或酸的作用下依水解程度不同而生成单糖残基数不同的糖类物质，最后完全水解生成单糖。总之，多糖与人类生活关系极大、衣、食、住、行都离不开多糖。下面对重要的多糖做简要介绍。

二、食品中常见的多糖

（一）淀粉

1. 淀粉分子的结构

植物的种子、根部和块茎中蕴藏着丰富的淀粉，在所有的多糖中，唯有淀粉是以独立组成形式（颗粒）普遍存在的。由于淀粉是在植物细胞中被生物合成的，因此，淀粉颗粒的大小和形状是由宿主植物的生物合成体系和组织环境所产生的物理约束所决定的。例如，如果淀粉颗粒处在谷物种子中心的粉质胚乳中则是圆形的，如果处在外层的富含蛋白质的角状胚乳中，淀粉颗粒是多角形的。于是，淀粉颗粒的大小与形状随植物的品种而改变，在显微镜下观察时，能根据这些特征识别不同

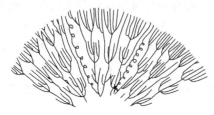

图 3-8 淀粉颗粒中直链淀粉和
支链淀粉排列示意

植物品种的淀粉。除了玉米淀粉外，其他商业淀粉有麦、米、木薯、马铃薯和甘薯淀粉。马铃薯淀粉颗粒最大，而米淀粉颗粒最小。淀粉按其结构可分为直链淀粉和支链淀粉两类，在食用品质上也有所不同。在淀粉颗粒中，直链淀粉和支链淀粉分子呈径向有序排列，见图 3-8。

直链淀粉是由 D-葡萄糖通过 α-1,4-糖苷键连接起来的线状高分子化合物（图 3-9），链长约为 250～300 个葡萄糖单位，分子呈线形螺旋状。

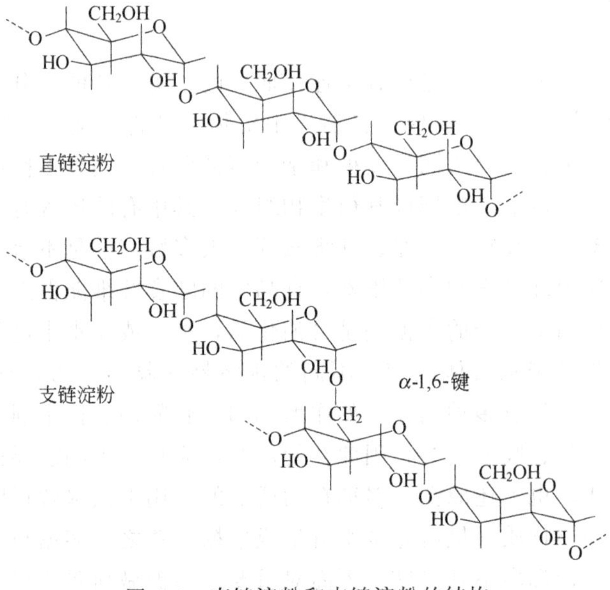

直链淀粉

支链淀粉 α-1,6-键

图 3-9 直链淀粉和支链淀粉的结构

支链淀粉是一种带支链的多糖（图 3-9），在支链淀粉分子中的 α-D-葡萄糖也同样以 α-1,4-糖苷键连接成长链，在结合了 8～9 个葡萄糖单位后即产生一个分支，支链与主链之间以 α-1,6-糖苷键连接。支链内的葡萄糖单位间仍通过 α-1,4-糖苷键连接。支链的长度平均为 20～30 个葡萄糖单位。因此使支链淀粉形成复杂的树状分支结构的大分子，支链淀粉的相对分子质量比直链淀粉大得多，相当于含有 600～6000 个葡萄糖单位。

大多数淀粉中含有 75% 的支链淀粉，含有 100% 支链淀粉的称为蜡质淀粉。马铃薯支链淀粉比较独特，它含有磷酸配基，每 215～560 个 D-葡萄糖基有一个磷酸酯基，88% 磷酸酯基在侧链上，因而马铃薯支链淀粉略带负电，在温水中快速吸水膨胀，使马铃薯淀粉具有黏度高、透明度好以及老化速率慢的特性。一些淀粉中直链淀粉与支链淀粉比例见表3-6。

表 3-6 不同作物中直链、支链淀粉的比例 单位：%

淀粉来源	直链淀粉	支链淀粉	淀粉来源	直链淀粉	支链淀粉
高直链玉米	50～85	15～50	大米	17	83
普通玉米	26	74	马铃薯	21	79
蜡质玉米	1	99	木薯	17	83
小麦	25	75			

直链淀粉与支链淀粉的性质概括见表3-7。

表 3-7 直链淀粉与支链淀粉的性质比较

性 质	直链淀粉	支链淀粉
相对分子质量	$20×10^4～50×10^4$	1 百万到几百万
糖苷键	α-D-1,4	α-D-1,4, α-D-1,6
对老化敏感性	高	低
β-淀粉酶作用产物	麦芽糖	麦芽糖、β-限制糊精
葡萄糖淀粉酶作用产物	D-葡萄糖	D-葡萄糖
分子形状	基本线形	灌木状

2. 淀粉的性质

（1）还原性 从结构上看，尽管淀粉链的末端还有游离的半缩醛羟基，但是在很多葡萄糖单位中才残留一个游离的半缩醛羟基，比例太小，所以一般情况下淀粉不显还原性。

（2）水解性 淀粉与水一起加热时很容易发生水解反应，当与无机酸共热时，淀粉可以彻底水解为 D-葡萄糖。工业上将淀粉水解可以得到糊精、淀粉糖浆、麦芽糖浆、葡萄糖等产品。

工业上水解淀粉有酸水解法和酶水解法两种。酸水解法是用无机酸为催化剂使淀粉发生水解反应，转化为葡萄糖。酶水解法主要用 α-淀粉酶、β-淀粉酶和葡萄糖淀粉酶水解淀粉生成葡萄糖。

（3）淀粉与碘的呈色反应 淀粉与碘可以发生非常灵敏的颜色反应，直链淀粉遇碘呈深蓝色，支链淀粉则呈蓝紫色。糊精则依分子量的递减与碘呈色由蓝紫色、紫红色、橙色至不呈色。淀粉与碘的呈色是由淀粉的结构决定的。直链淀粉呈螺旋状态，每个螺旋吸附一个碘分子，使碘分子在螺旋中央借助范德瓦耳斯力与淀粉分子联系在一起，形成一种复合物，从而改变了碘原有的颜色而成深蓝色。淀粉遇碘的呈色情况与淀粉多苷链的长短有关。当多苷链长小于 6 个葡萄糖残基时，此时淀粉分子不能形成一个螺旋圈，故不能形成起呈色作用的淀粉-碘的复合物，因而此类淀粉遇碘不变色。聚合度为 8～20 的直链淀粉遇碘变红色，聚合度大于 40 个葡萄糖残基时呈蓝紫色；大于 60 者为蓝色。

由于热淀粉溶液的螺旋状因氢键被破坏而解体，所以热淀粉遇碘不形成蓝色复合物；冷却后因螺旋结构恢复而又呈色。

3. 淀粉的糊化

在淀粉中加冷水搅拌可形成一种暂时性的悬浊液，但一旦停止搅拌，淀粉就会慢慢地沉淀下来，淀粉并未溶解于水。在常温下，未受伤的淀粉颗粒不溶于冷水，但能可逆地吸收水和有限度地轻微膨胀。然而随着温度的增加，水分子就较快地运动，渗入颗粒内部，淀粉也剧烈地振动，从而断开分子间的链，使它们的氢键位置同较多的分子结合。由于水的穿透以及长淀粉链段的分离，使淀粉颗粒体积逐渐增大。体积增大到极限时，颗粒就会破裂。淀粉粒从吸水到体积增大以致破裂的现象，称为淀粉的膨润（溶胀）现象。继续加热，淀粉颗粒全部崩溃解体，淀粉全部以单分子形式进入溶液，并为水包围而成为溶液状态。由于淀粉分子是链状或分子状，彼此牵扯，结果形成具有黏性的糊状溶液；在一定的温度下，淀粉颗粒在水中溶胀、分裂，形成均匀糊状溶液的作用，称为淀粉的糊化作用，糊化后的淀粉称为α-淀粉。

淀粉的糊化作用可分为三个阶段。①可逆吸水阶段。水分进入淀粉粒的非晶质部分，体积略有膨胀，此时冷却干燥，可以复原。②不可逆吸水阶段。随温度升高，水分进入淀粉微晶间隙，不可逆大量吸水，结晶"溶解"。③淀粉粒解体阶段，淀粉分子全部进入溶液。

各种淀粉的糊化温度不相同，即使同一种淀粉因颗粒大小不一糊化温度也不一致，通常大颗粒淀粉的糊化温度比小颗粒淀粉低。淀粉糊化温度用糊化开始的温度和糊化完成的温度表示。表3-8显示了各种食物中淀粉的糊化温度。

表3-8　几种淀粉的糊化温度　　　　　　　　　　　单位：℃

淀　粉	开始糊化温度	完全糊化温度	淀　粉	开始糊化温度	完全糊化温度
粳米	59	61	玉米	64	72
糯米	58	63	荞麦	69	71
大麦	58	63	马铃薯	59	67
小麦	65	68	甘薯	70	76

淀粉糊化后，淀粉糊的黏度以及淀粉凝胶的性质取决于温度、淀粉类型、糖和酸及其他成分的影响。支链淀粉能形成高黏度的凝胶，而直链淀粉只能形成低黏度的凝胶。这就是糯米饭黏性大的缘故。高浓度的糖能降低淀粉糊化的速度和凝胶的强度，这是由于糖和淀粉竞争同水的结合而推迟了淀粉的糊化。在低 pH 值时，淀粉发生广泛的水解，产生不能增稠的糊精。因此，制作含酸馅饼的淀粉馅时，需在加酸前，先把淀粉和液体混合物烹制变稠，然后再加酸。

糊化后的淀粉更可口，更有利于人体的消化吸收。也就是说，更容易被淀粉酶所水解。在食品加工中，淀粉的糊化程度影响到一些淀粉类食品的消化率和储藏性，如桃酥由于脂肪含量高、水分含量少，使90%的淀粉粒未糊化而不易消化，而面包则由于含水量高，96％以上的淀粉粒均已糊化，所以易消化。

4. 淀粉的老化

经过糊化后的 α-淀粉在室温或低于室温下放置，缓慢冷却后，会变得不透明甚至凝结而沉淀，这种现象称为淀粉的老化。这是因为冷却后，淀粉分子运动减弱，又自动排列成序，相当部分的分子间的氢键又逐渐恢复形成致密、高度晶化的淀粉分子微束的缘故。如面包、馒头等在放置时变硬、干缩，主要就是因淀粉老化的结果。老化过程模式如图 3-10 所示。

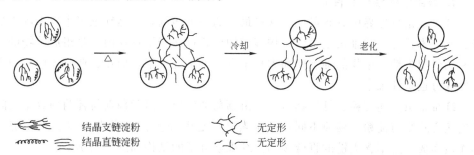

图 3-10　淀粉颗粒在加热与冷却时的变化过程

淀粉的老化与所含直链淀粉及支链淀粉的比例有关，一般是直链淀粉较支链淀粉易于老化。直链淀粉愈多，老化愈快。支链淀粉几乎不会老化，原因是其结构的三维状空间分布妨碍微束结晶氢键的形成。

老化作用的最适温度为 $2\sim4$℃，大于 60℃ 或低于 -20℃ 都不会发生老化。为防止老化作用的发生，可将糊化后的淀粉在 80℃ 以上的高温迅速除去水分（水分含量最好在 10％以下），或冷至 -20℃ 以下速冻，这样淀粉分子就不可能移动和相互靠近而结晶。α-淀粉加水后，因无胶束结构，与生淀粉不同，水易于侵入而将淀粉分子包围，不需加热亦易糊化，这就是制备方便食品的原理，如方便米饭、方便面条、饼干、膨化食品等。

5. 改性淀粉

为适应各种使用需要，需将天然淀粉经化学处理或酶处理，使淀粉原有的物理性质发生一定的变化，如水溶性、黏度、色泽、味道、流动性等。这种经过处理的淀粉总称为改性淀粉。改性淀粉的种类主要有：可溶性淀粉、漂白淀粉、交联淀粉、氧化淀粉、醋酸酯化淀粉、磷酸淀粉等。在制作面点时，如果天然淀粉不能满足质量要求，可在加工时掺入少量的改性淀粉。例如经磷酸处理的磷酸淀粉具有良好的稠性，可用于肉汁、稠液、馅饼等，可改善它们的抗冻结-解冻性能，降低冻结-解冻过程中水分的离析。

6. 淀粉在食品中的应用

淀粉在糖果制造中用作填充剂，可作为制造淀粉软糖的原料，也是淀粉糖浆的主要原料。豆类淀粉和黏高粱淀粉则利用其凝胶特性来制造高粱饴类的软性糖果，具有很好的柔糯性，淀粉在冷饮食品中作为雪糕和冰棒的增稠稳定剂。淀粉在某些罐头食品生产中可作增稠剂，如制造午餐肉罐头和碎牛、羊肉罐头时，使用淀粉可增加制品的黏结性和持水性。在制造饼干时，由于淀粉有稀释面筋浓度和调节面筋膨润度的作用，可使面团具有适合于工艺操作的物理性质，所以在使用面筋含量太高的面粉生产饼干时，可以添加适量的淀粉来解决饼干收缩变形的问题。

（二）纤维素

1. 纤维素的结构和性质

纤维素是自然界中分布最广、含量最多的一种多糖，天然纤维素主要来源于棉花、麻、木材等。纤维素主要以结构多糖的形式存在于植物体内，是组成植物的最普遍的骨架多糖，植物的细胞壁和木材中有一半是纤维素，棉花、亚麻等原料中主要的成分也是纤维素。

纤维素虽然同淀粉、糖原相似，也由葡萄糖构成，但葡萄糖与葡萄糖分子之间的连接方式则与淀粉、糖原不同，纤维素分子是由许多 β-D-葡萄糖以 β-1,4-糖苷键连接而成，是不含支链的直链多糖。纤维素分子的结构如图 3-11 所示。

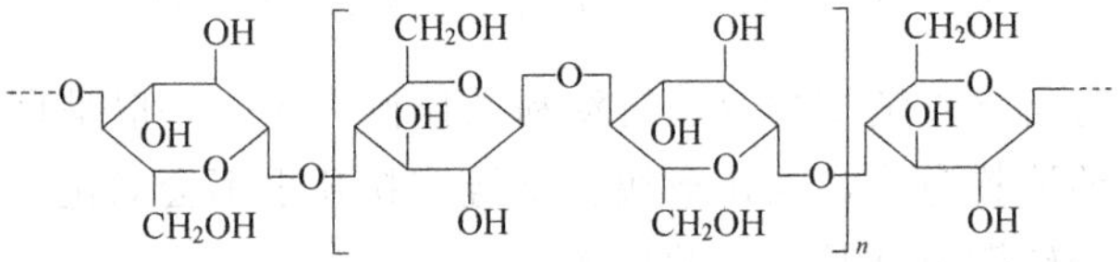

图 3-11　纤维素的结构

纤维素的化学性质稳定，在一般的食品加工条件下不被破坏，但在高温、高压的稀硫酸溶液中，纤维素可被水解为 β-葡萄糖，也可以在纤维素酶的作用下水解成葡萄糖。纤维素不溶于水，也不溶于有机溶剂，无还原性，也不容易被水解，在一般食品加工条件下不被破坏。纤维素不能被人体吸收，因为人体内不存在能够使 β-1,4-糖苷键断裂的酶。也就是说，纤维素在体内不会变成生命活动所需要的葡萄糖。但其有较重要的生理功能，是人类膳食中不可缺少的成分。

2. 改性纤维素

将天然纤维素经适当处理，改变其原有性质成为适应不同食品加工需要的纤维素，称为改性纤维素。主要品种有以下几类。

（1）羧甲基纤维素（CMC）　由纤维素与氢氧化钠、氯乙酸作用生成的含有羧基的纤维素醚称为羧甲基纤维素，由于其游离酸形式不溶于水，故食品工业中多用的是钠盐形式，羧甲基纤维素钠易溶于水，是应用很广的一种纤维素胶。羧甲基纤维素因具有良好的持水性、黏稠性、保护胶体性、薄膜形成性等，而被广泛用于食品工业中作增稠剂、胶凝剂、组织改良剂等。

羧甲基纤维素良好的持水力广泛用于冰激凌和其他冷冻甜食中，以阻止冰晶的生长。羧甲基纤维素可防止面包、蛋糕和其他焙烤食品的水分蒸发和老化，也能阻止糖果、糖衣和糖浆中糖结晶的生长。在低热量的碳酸饮料中，羧甲基纤维素有助于保持 CO_2。在疗效食品中，羧甲基纤维素提供了体积、良好的质地和口感。

（2）甲基纤维素（MC）　是另一种重要的纤维素胶，由纤维素与氢氧化钠、一氯甲烷反应而成。甲基纤维素具有增稠、表面活性、薄膜形成性等功能。甲基纤维素不同于其他胶，它显示了热胶凝性质，当溶液被加热时形成凝胶，冷却时转变成正常的溶液。这个现象是由于加热破坏了个别分子外面的水化层而造成聚合物间氢键增加的缘故。甲基纤维素添加在焙烤食品中可增加焙烤食品的吸水力和持水力；添加在油炸食品中，可降低食品的吸油率；在一些疗效食品中，甲基纤维素用作低热量无营养填充剂；在无面筋的产品中，它提供了质构；当用于冷冻食品时，它能抑制脱水收缩。

（3）微晶纤维素（MCC）　由于天然纤维素分子是线性分子，因此容易发生缔合，生成多晶的纤维束，故分子结构中含有由大量氢键连接而成的结晶区，和处于结晶区之间的无定形区。无定形区容易受到化学试剂的作用，例如用酸处理，无定形区被水解，留下耐酸的结晶区，干燥后得到极细的粉末，称为微晶纤维素，其不溶于水、稀酸、稀碱溶液和大多数有机溶剂，可吸水胀润，可用作抗结剂、无热量填充剂、乳化剂、分散剂、组织改进剂、热稳定剂等。

（三）果胶

1. 果胶的结构与分类

果胶物质是植物细胞壁成分之一，存在于细胞壁间的中胶层中，起着将细胞粘着在一起的作用。在蔬菜和水果中含量较高。主要是由 α-1,4-半乳糖醛酸单位组成的骨架链，另外还有少量的鼠李糖、半乳糖、阿拉伯糖、木糖构成侧链（图3-12）。

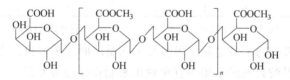

图 3-12　果胶的结构

果胶可分为三类：即原果胶、果胶酯酸和果胶酸，其主要差别是各类果胶的甲氧基含量不相同，随着植物的成熟，果胶物质的甲氧基含量有所下降。

（1）原果胶　原果胶泛指一切水不溶性果胶类物质。原果胶存在于未成熟的水果和植物的茎、叶里，一般认为它是果胶酯酸与纤维素或半纤维素结合而成的高分子化合物。未成熟的水果是坚硬的，这直接与原果胶的存在有关。随着水果的成熟，原果胶在酶的作用下逐步水解为有一定水溶性的果胶酯酸，水果也就由硬变软了。

（2）果胶酯酸　果胶酯酸是指甲氧基比例较大的果胶酸。现已证实，果胶酯酸是一组以复杂方式连接的多聚鼠李糖、多聚半乳糖醛酸；它是 α-1,4-糖苷键连接的

D-吡喃半乳糖醛酸单位组成骨架链，其中含有少数有序或无序的 α-1,2-糖苷键连接的鼠李糖单位，在鼠李糖富集区也夹杂有半乳糖醛酸单位。

（3）果胶酸　纯的果胶酸是由很多个 D-半乳糖醛酸通过 α-1,4-糖苷键结合而成的线型长链高分子化合物。果胶酸是基本上不含甲氧基的果胶类物质，果胶酸是果胶酯酸和原果胶的基本构成骨架。在细胞液中与 Ca^{2+}、Mg^{2+}、K^+、Na^+ 等矿物质形成不溶于水的或微溶于水的果胶酸盐，它无黏性，对细胞不起黏着作用。当水果中的果胶在果胶酶的连续作用下生成果胶酸时，水果就变成软疡状态。

2. 果胶凝胶的形成

果胶是亲水胶体物质，其水溶液在适当的条件下可以形成凝胶。温度对形成果胶凝胶的强度影响不大，而果胶的分子量及酯化度是影响凝胶强度的主要因素。果胶一般分为高甲氧基果胶和低甲氧基果胶两大类。高甲氧基果胶中甲氧基含量大于7%，酯化度大于50%，亦即分子中超过一半的羧基是甲酯化的，形成凝胶的条件是可溶性固形物含量（一般为蔗糖等）超过65%，pH 为 2.8～3.4。

低甲氧基果胶中甲氧基含量小于7%，酯化度小于50%，果胶分子中低于一半的羧基是甲酯型的，形成可溶性凝胶的条件是必须有二价阳离子（如 Ca^{2+}）存在，pH 为 2.5～6.5，固形物在 10%～20%。果胶酯化度对形成凝胶的影响见表 3-9。

表 3-9　果胶酯化度对凝胶形成的影响

酯化度/%	形成凝胶的条件			
	pH	糖/%	二价离子	凝胶形成的快慢
>70	2.8～3.4	65	无	快
50～70	2.8～3.4	65	无	慢
<50	2.5～6.5	无	有	快

注：酯化度（DE）=（酯化的 D-半乳糖醛酸残基数/D-半乳糖醛酸残基总数）×100。

含有较大量果胶的水果是制作果酱及果冻制品的理想原料。含果胶较丰富的食物见表 3-10。含果胶较低的水果不宜单独用来制作果冻等制品。

表 3-10　果胶含量丰富的蔬菜和水果　　　　　单位：%

食物名称	果胶含量	食物名称	果胶含量
山楂	6.6	杏	0.5～1.2
苹果	1.0～1.8	胡萝卜	8～10
柑橘	0.7～1.5	南瓜	7～17
桃子	0.56～1.25	甘蓝	5～7.5
梨子	0.5～1.41	熟番茄	2～2.9

（四）食品中其他多糖

1. 阿拉伯胶

阿拉伯胶又称金合欢树胶，是金合欢树的渗出物，阿拉伯胶中多糖占97%左右，蛋白质含量在 2%～3%。阿拉伯胶中多糖结构是高度支链的酸性阿拉伯半乳聚糖，它具有如下组成：D-半乳糖 44%，L-阿拉伯糖 24%，D-葡萄糖醛酸 14.5%，L-鼠李糖 13%，4-甲氧基-D-葡萄糖醛酸 1.5%。它们的主链由 β-D-吡喃半乳糖通过 β-1,3-糖苷键连接而成，而侧链是通过 β-1,6-糖苷键相连接。

阿拉伯胶易溶于水，最独特的性质是溶解度高，溶液黏度低，溶解度甚至能达到 50%，此时体系有些像凝胶。阿拉伯胶既是一种好的乳化剂，又是一种好的乳状液稳定剂，具有稳定乳状液的作用。这是因为阿拉伯胶具有表面活性，能在油滴周围形成一层厚的、具有空间稳定性的大分子层，防止油滴聚集。往往将香精油与阿拉伯胶制成乳状液，然后进行喷雾干燥得到固体香精，可以避免香精的挥发与氧化，而在使用时能快速分散与释放风味，并且不会影响最终产品的黏度。阿拉伯胶的另一个特点是与高糖具有相溶性，因此可广泛用于高糖含量和低水分含量糖果中，如太妃糖、果胶软糖以及软果糕等。它在糖果中的功能是阻止蔗糖结晶和乳化脂肪组分，防止脂肪从表面析出产生"白霜"。此外，阿拉伯胶可作为泡沫稳定剂，将它加入啤酒中可在瓶壁产生挂壁效应。

2. 瓜尔豆胶

瓜尔豆胶系由瓜尔豆种子的胚乳经清理、干燥、磨粉而得，瓜尔豆胶是所有商品胶中黏度最高的一种胶，它的主要成分是半乳糖与甘露糖，主链由 β-D-吡喃甘露糖通过 1,4-糖苷键相连，侧链则是在第 6 位碳上连接 α-D-吡喃半乳糖，瓜尔豆胶在冷水中易水合生成高黏度的溶液，故主要用做增稠剂。

瓜尔豆胶与小麦粉和某些其他树胶可显示出黏度的协同效应。在冰激凌中可防止冰晶生成，并在稠度、咀嚼性和抗热刺激等方面都起着重要作用，并能阻止干酪脱水收缩。焙烤食品添加瓜尔豆胶可延长货架期，降低点心糖衣中蔗糖的吸水性，还可用于改善肉制食品的品质，增加黏稠性。

3. 卡拉胶

卡拉胶是由某些红藻类海藻中采用稀碱液分离提取制得，是一组或一簇硫酸化半乳聚糖。它是由 D-吡喃半乳糖和 3,6-脱水半乳糖由 α-1,3-糖苷键和 β-1,4-糖苷键交替连接而成的直链分子，并部分或全部半乳糖上连接有硫酸酯基团，其分布位置及数目与卡拉胶的胶凝性质密切相关。

由于卡拉胶含有硫酸盐阴离子，因此易溶于水。硫酸盐含量越少，则多糖链越易从无规线团转变成螺旋结构。卡拉胶同牛奶蛋白质可以形成稳定的复合物，这是由卡拉胶的硫酸盐阴离子与酪蛋白胶粒表面上正电荷间静电作用而形成的，牛奶蛋白质与卡拉胶的相互作用，使形成的凝胶强度增强。卡拉胶形成的凝胶能在口中溶化，且具有口感好、外观好、光泽发亮的特点。

4. 琼脂

琼脂也称为琼胶；其主要成分是具有凝胶作用的琼脂糖（占琼脂的 60%～80%）和无凝胶作用的琼脂胶组成，琼脂糖是一种线形多糖，是由 β-D-吡喃半乳糖和 3,6-脱水-α-L-吡喃半乳糖之间以 β-1,4-糖苷键相互连接而成。琼脂不溶于凉水而溶于热水。凝胶温度通常为 32~39℃，琼脂具有热稳定性和良好的抗酶解能力，在中性 pH 附近，可与大部分其他胶质和蛋白质相溶，琼脂凝胶具有热可逆性，是一种最稳定的凝胶。

第五节 食品加工与储藏中 碳水化合物的变化

一、美拉德反应

在食品油炸、焙烤、烘焙等加工和储藏过程中，还原糖（主要是葡萄糖）同游离氨基酸或蛋白质分子中的氨自由基等含氨基的化合物发生羰氨反应，这种反应叫做美拉德反应。

当还原糖同氨基酸、蛋白质或其他含氮化合物一起加热时可产生美拉德褐变产物，包括可溶性与不可溶性的聚合物，例如酱油与面包皮。美拉德反应产物还能产生牛奶巧克力的风味，如当还原糖与牛奶蛋白质反应时，可产生乳脂糖、太妃糖及奶糖的风味。

美拉德反应不利的一面是还原糖同氨基酸或蛋白质的部分链段相互作用会导致部分氨基酸的损失，尤其是必需氨基酸 L-赖氨酸所受的损失最大。在精氨酸和组氨酸分子的侧链中也都含有参与美拉德反应的含氮基团。因此，从营养的角度来看，美拉德褐变会造成氨基酸和蛋白质等营养成分的损失。

一般在中等水分含量条件下以及 pH7.8~9.2 范围内，美拉德反应速率最快，铜、铁等金属离子也能促进该反应的进行。如果不希望在食品体系中发生美拉德反应，可从以下各方面加以控制：降低水分含量，避免铜、铁等金属离子的不利影响，降低温度，降低 pH，用亚硫酸处理或去除一种作用物。一般是降低食品中还原糖的含量。如在加工干的蛋制品时，在干燥前可加入 D-葡萄糖氧化酶将 D-葡萄糖氧化，降低了食品还原糖的含量，可减少美拉德反应的发生。

二、焦糖化反应

在没有氨基化合物存在的条件下，将糖和糖浆直接加热熔融，在温度超过 100℃时，随着糖的分解变化，糖会变成黑褐色的焦糖，产生了复杂的焦糖化反应。少量酸和某些盐可以催化反应进行，大多数的热解反应引起糖分子脱水，生成脱水糖或者在糖环中形成双键，产生不饱和的环状中间体，如呋喃环。共轭双键具有吸收光和产生颜色的特性。在不饱和的环状体系中，常可发生聚合反应，使食品产生色泽和风味。催化剂可以加速该反应，使反应产物具有不同类型的焦糖色素。蔗糖（双糖）通常被用于制造焦糖色素和香料物质。常见的有三种商品化焦糖色素：第一种是由亚硫酸氢铵催化产生的耐酸焦糖色素，可用于碳酸饮料、烘焙食品、糖浆、糖果以及调味料中，这种色素的溶液是酸性的（pH2～4.5），它含有带负电荷的胶体粒子；第二种是由蔗糖直接热解产生红棕色并含有略带负电荷的胶体粒子的焦糖色素，其水溶液的 pH 为 3～4，应用于啤酒和其他含醇饮料中；第三种是将糖与铵盐加热，产生红棕色并含有带正电荷的胶体粒子的焦糖色素，其水溶液的 pH 为 4.2～4.8，应用于焙烤食品、糖浆及布丁等中。

有些焦糖化产物除了颜色外，还具有独特的风味，可作为食品加工中各种风味和甜味的增强剂。

复　习　题

1. 什么是糖类？糖类是怎样分类的？
2. 简述单糖的化学性质并举例说明某些性质在食品工业中的应用？
3. 食品中单糖有哪些物理和化学性质？
4. 食品中低聚糖有哪些物理和化学性质？
5. 食品中多糖的种类有哪些？
6. 什么是淀粉的糊化作用？举例说明。
7. 什么是淀粉的老化作用？老化作用的原因是什么？
8. 果胶凝胶的形成条件是什么？果胶凝胶的强度与什么因素有关？
9. 为什么水果生时硬，熟时软？
10. 什么是焦糖化反应？什么是美拉德反应？两种反应有何区别？

第四章 脂 类

第一节 概 述

一、脂的定义与分类

脂质是生物体内一大类不溶于水，而溶于大部分有机溶剂的物质，其中99%左右的脂肪酸甘油酯即酰基甘油是我们常称的脂肪，并习惯上将在常温下呈固态的脂肪称为脂，呈液态的称为油。由于脂质化合物种类繁多，结构各异，很难用一句话来概括其定义，但脂质化合物通常具有以下共同特征：①不溶于水而溶于乙醚、石油醚、氯仿、丙酮等有机溶剂；②大多具有酯的结构，并以脂肪酸形成的酯最多；③都是由生物体产生，并能被生物体所利用。但在被称为脂质的物质中，也有不完全符合上述定义的物质存在，如卵磷脂微溶于水而不溶于丙酮；又如鞘磷脂和脑苷脂类的复合脂质不溶于乙醚。

脂质按其结构和组成可分为简单脂质、复合脂质和衍生脂质（见表4-1）。

表 4-1　脂质的分类

主　类	亚　类	组　成
简单脂质	酰基甘油 蜡	甘油＋脂肪酸(占天然脂质的99%左右) 长链脂肪醇＋长链脂肪酸
复合脂质	磷酸酰基甘油 鞘磷脂类 脑苷脂类 神经节苷脂类	甘油＋脂肪酸＋磷酸盐＋含氮基团 鞘氨醇＋脂肪酸＋磷酸盐＋胆碱 鞘氨醇＋脂肪酸＋糖 鞘氨醇＋脂肪酸＋碳水化合物
衍生脂质		类胡萝卜素，类固醇，脂溶性维生素等

二、脂的结构和组成

（一）脂肪酸的结构

1. 饱和脂肪酸

天然食用油脂中存在的饱和脂肪酸主要是长链（碳原子数＞14）、直链、具有偶数碳原子的脂肪酸，但在乳脂中也含有一定数量的短链脂肪酸，而奇数碳原子及支链的饱和脂肪酸则很少见。

2. 不饱和脂肪酸

天然食用油脂中存在的不饱和脂肪酸常含有一个或多个烯丙基[—(CH_2CH ═ CH_2)$_n$—]结构，两个双键之间夹有一个亚甲基（非共轭双键）。双键多为顺式，在油脂加工和储藏过程中部分双键会转变为反式并出现共轭双键，这种形式的不饱和脂肪酸对人体无营养。人体内不能合成亚油酸和 α-亚麻酸，但它们具有特殊的生理作用，属必需脂肪酸，其最好来源是植物油。

（二）油脂的组成

脂肪主要是甘油与脂肪酸生成的三酯，即三酰基甘油，见图 4-1。

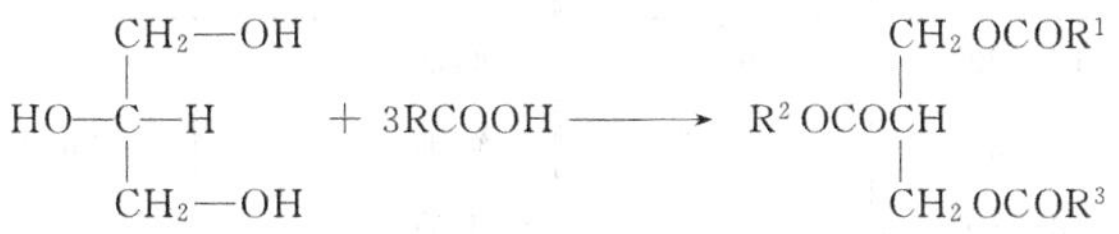

$$
\begin{array}{ccc}
CH_2\!-\!OH & & CH_2\,OCOR^1 \\
HO\!-\!C\!-\!H & +\ 3RCOOH \longrightarrow & R^2\,OCOCH \\
CH_2\!-\!OH & & CH_2\,OCOR^3 \\
\text{甘油} & \text{脂肪酸} & \text{三酰基甘油}
\end{array}
$$

图 4-1　油脂的组成

如果 $R^1 = R^2 = R^3$，则称为单纯甘油酯，橄榄油中有 70％以上的三油酸甘油酯；当 R 不完全相同时，则称为混合甘油酯，天然油脂多为混合甘油酯。当 R^1 和 R^3 不同时，则 C2 原子具有手性，且天然油脂多为 L 型。

第二节　油脂的物理性质

油脂的物理性质在油脂分析、制取及加工中都显得十分重要，尤其是随着科学技术的进步，近年来在生产和科学研究工作中，愈来愈多地采用测定油脂物理性质以代替某些费时、准确度较差的化学分析法，取得了良好的效果。

1. 气味和色泽

纯净的脂肪是无色无味的，天然油脂中略带黄绿色是由于含有部分脂溶性色素（如类胡萝卜素、叶绿素等）所致。油脂精炼脱色后，色泽变浅。多数油脂无挥发性，少数油脂中含有短链脂肪酸，会引起臭味。油脂的气味大多是由非脂成分引起的，如芝麻油的香气是由乙酰吡嗪引起的，椰子油的香气是由壬基甲酮引起的，而菜油受热时产生的刺激性气味，则是由其中所含的黑芥子苷分解所致。

2. 熔点和沸点

由于天然油脂是各种酰基甘油的混合物，所以没有确定的熔点和沸点，而仅有一定的熔点和沸点范围。此外，油脂的同质多晶（化学组成相同但晶体结构不同的化合物）现象，也使油脂无确定的熔点。游离脂肪酸、一酰基甘油、二酰基甘油、三酰基甘油的熔点依次降低，这是因为它们的极性依次降低，分子间的作用力依次减小的缘故。油脂的熔点一般最高在 $40\sim55℃$ 之间。酰基甘油中脂肪酸的碳链越长，饱和度越高，则熔点越高。反式结构的熔点高于顺式结构，共轭双键比非共轭双键熔点高。可可脂及陆产动物油脂相对其他植物油而言，饱和脂肪酸含量较高，在室温下常呈固态。植物油在室温下呈液态。一般油脂当熔点低于37℃时，消化率达96%以上；熔点高于37℃越多，越不易消化。油脂的熔点与消化率的关系见表4-2。

表 4-2　几种常用食用油脂的熔点与消化率的关系

脂　肪	熔点/℃	消化率/%	脂　肪	熔点/℃	消化率/%
大豆油	$18\sim28$	97.5	奶油	$28\sim36$	98
花生油	$0\sim3$	98.3	猪油	$36\sim50$	94
向日葵油	$-16\sim19$	96.5	牛油	$42\sim50$	89
棉籽油	$3\sim4$	98	羊脂	$44\sim55$	81

油脂的沸点一般在 $180\sim200℃$ 之间（与脂肪酸的组成也有关），沸点随脂肪酸碳链增长而增高，但碳链长度相同、饱和度不同的脂肪酸，其沸点变化不大。

3. 烟点、闪点和着火点

油脂的烟点、闪点和着火点是油脂在接触空气加热时的热稳定性指标。烟点是指在不通风的情况下观察到试样发烟时的温度。闪点是试样挥发的物质能被点燃但不能维持燃烧的温度。着火点是试样挥发的物质能被点燃并能维持燃烧不少于5s的温度。各种油脂的烟点等的差异不大，精炼后的油脂烟点在240℃左右，但在未精炼的油脂，特别是游离脂肪酸含量高的油脂，其烟点、闪点和着火点都大大下降，见表4-3。如玉米油、棉籽油和花生油的烟点、闪点和着火点分别为240℃、340℃和370℃左右，但当游离脂肪酸含量为100%时分别下降为100℃、200℃和250℃。

表 4-3　油脂中游离脂肪酸含量与烟点的关系

游离脂肪酸/%	0.05	0.10	0.50	0.60
烟点/℃	226.6	218.6	176.6	$148.8\sim160.4$

4. 溶解性和溶剂性

油脂能溶于乙醚、汽油等非极性有机溶剂。油脂本身也是一种溶剂，它能溶解某些色素和非水溶性维生素及风味物质，例如辣椒油，这是因为辣椒红色素和辣味物质溶解在热油中，使油红而辣的缘故。油脂不溶于水，但如加入蛋白质或磷脂等，由于发生乳化作用，油脂形成乳浊液而分散于水中。

5. 相对密度和黏度

油脂的相对密度除个别品种外，都小于1，一般液体油脂的相对密度为0.91左右，较固体油脂相对密度大（固体油脂相对密度为0.67）。油脂具有一定的黏度。其黏度与油脂组成有关。油脂的黏度随油脂中脂肪酸链长度的增加而增加，随不饱和度增加而减少，而且温度愈高黏度愈低，油脂氧化或加热聚合后，其黏度增大。

6. 折光性

油脂具有折光性。通常用折射率表示折光性，折射率可用折光计直接测定。油脂折射率随着脂肪酸的链长与不饱和度增加而增加。当油脂进行氢化时，可以用折射率的测定代替碘价测定，能迅速了解氢化程度，以便控制。因此，折射率也是鉴定油脂类别、纯度和酸败程度的一种手段。

7. 乳化性

乳状液一般被描述为由两种互不相溶的液相组成的体系，其中一相以微滴形式分散于另一相内。使互不相溶的两种液体中的一种呈微滴状分散于另一种液体中的作用称为乳化作用。在体系中量大的称为连续相，量小的称为分散相。油与水的乳化在烹饪中是极常见的，如黄油、乳酪、奶汤、蛋黄酱、冰激凌配料、法国式调味汁等。但由于油的疏水性质，油类与水的乳浊液必须经过乳化剂方能保持稳定。使两种互不相溶的溶液中的一种液体分散于另一种液体中的物质称为乳化剂。乳化剂是具有亲水性端及亲油性端的分子，即每个分子的一端亲水，另一端亲油而疏水。当少量的油与乳化剂一起在大量水中用机械方法振荡时即分散成细滴，在油滴表面上乳化剂以亲油端相对，而以其亲水的一端伸向水中（见图4-2），由于极性相斥，因而形成稳定的乳浊液。

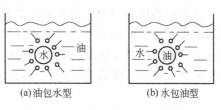

(a)油包水型 (b)水包油型

图4-2 乳化剂的乳化作用示意
○亲水端；—疏水端

乳化剂包括磷脂、松脂、植物胶、盐、大分子蛋白质或某些粉末状的调料等。例如，色拉调味汁中的胡椒粉、芥末，不仅使色拉增味还起着乳化剂的作用。在烹制奶汤时，总是选用含脂量和胶原蛋白丰富的原料，也就是利用了油脂中的磷脂和胶原蛋白的乳化作用，得到浓似奶汁的乳浊液。制作蛋黄酱或荷兰沙司时，总要加蛋黄或整蛋和调味料，这是利用了蛋黄中的卵磷脂和芥末的乳化作用。如果做荷兰沙司时加黄油太快，沙司可能分散而不能形成半固态乳浊液，是由于卵磷脂来不及包绕小油滴的缘故，这可以在沙司中再加入更多的蛋黄来补救。

第三节　油脂的化学性质

一、油脂水解

油脂在有水存在下，在加热、酸、碱及酯水解酶的作用下，可发生水解反应而生成游离脂肪酸。油脂在碱性条件下的水解称为皂化反应，水解生成的脂肪酸盐即为肥皂，故可用在工业上制肥皂。

$$
\begin{array}{l}
\mathrm{CH_2OCOR} \\
|\\
\mathrm{CHOCOR} \quad + \quad 3\mathrm{H_2O} \xrightarrow[\text{酸或蒸汽}]{\text{酯酶}} \\
|\\
\mathrm{CH_2OCOR}
\end{array}
\quad
\begin{array}{l}
\mathrm{CH_2OH} \\
|\\
\mathrm{CHOH} \quad + \quad 3\mathrm{RCOOH} \\
|\\
\mathrm{CH_2OH}
\end{array}
$$

脂肪　　　　　　　　　　　　甘油　　脂肪酸

$$
\begin{array}{l}
\mathrm{CH_2OCOR} \\
|\\
\mathrm{CHOCOR} \quad + \quad 3\mathrm{KOH} \longrightarrow \\
|\\
\mathrm{CH_2OCOR} \quad\quad (\text{或 NaOH})
\end{array}
\quad
\begin{array}{l}
\mathrm{CH_2OH} \\
|\\
\mathrm{CHOH} \quad + \quad 3\mathrm{RCOOK} \\
|\\
\mathrm{CH_2OH}
\end{array}
$$

脂肪　　　　　　　　　　　　甘油　　脂肪酸盐（皂）

在活体动物的脂肪组织中不存在游离脂肪酸，动物宰后在体内酯水解酶的作用下，产生游离脂肪酸。由于游离脂肪酸对氧化甘油酯更为敏感，会导致油脂更快酸败，因此动物油脂要尽快熬炼，因为高温熬炼可使酯酶失活。植物油料种子中也存在酯水解酶，在制油前也使油酯水解而生成游离脂肪酸。

食品在油炸过程中，食物中的水进入到油中，油脂水解释放出游离脂肪酸，导致油的发烟点降低，并且随着脂肪酸含量增高，油的发烟点不断降低，因此水解导致油品质降低，风味变差。乳脂水解产生一些短链脂肪酸，产生酸败味。但在有些食品的加工中，轻度的水解是有利的，如巧克力、干酪及酸奶的生产。

二、油脂氧化

（一）油脂自动氧化的机理

油脂自动氧化主要包括引发（诱导）期、链传递（增殖）期和终止期3个阶段。

1. 引发期

酰基甘油中的不饱和脂肪酸，受到光线或其他因素的作用，在邻近双键的亚甲基（α-亚甲基）上脱氢，产生自由基，如用 RH 表示酰基甘油，其中的 H 为亚甲基上的氢，R· 为油脂的脱氢自由基，该反应过程一般表示如下：

$$\mathrm{RH} \xrightarrow{\text{引发剂}} \mathrm{R\cdot} + \mathrm{H\cdot}$$

自由基的引发通常活化能较高，故这一步反应相对很慢。

2. 链传递

R·自由基与空气中的氧相结合，形成过氧化自由基（ROO·），而过氧化自由基又从其他脂肪酸分子的 α-亚甲基上夺取氢，形成氢过氧化物（ROOH），同时形成新的自由基。重复连锁的攻击，使大量的不饱和脂肪酸氧化，油脂氧化进入显著阶段，此时油脂吸氧速度很快，增重加快。

$$R\cdot + O_2 \longrightarrow ROO\cdot$$
$$ROO\cdot + RH \longrightarrow ROOH + R\cdot$$

链传递的活化能较低，故此步骤进行很快，并且反应可循环进行，产生大量氢过氧化物。

3. 终止期

各种自由基和过氧化自由基互相聚合，形成环状或无环的一聚体或多聚体。

$$R\cdot + R\cdot \longrightarrow R-R$$
$$R\cdot + ROO\cdot \longrightarrow ROOR$$
$$ROO\cdot + ROO\cdot \longrightarrow ROOR + O_2$$

（二）影响油脂氧化速率的因素

1. 脂肪酸及甘油酯的组成

油脂氧化速率与脂肪酸的不饱和度、双键位置、顺反构型有关。室温下饱和脂肪酸的链引发反应较难发生，当不饱和脂肪酸已开始酸败时，饱和脂肪酸仍可保持原状。而不饱和脂肪酸中，双键增多，氧化速率加快，见表 4-4。

表 4-4 脂肪酸在 25℃ 的诱导期和相对氧化速率

脂 肪 酸	双 键 数	诱导期/h	相对氧化速率
18：0	0	—	1
18：1(9)	1	82	100
18：2(9,12)	2	19	1200
18：3(9,12,15)	3	1.34	2500

并且顺式构型比反式构型容易氧化；共轭双键结构比非共轭双键结构易氧化；游离脂肪酸比甘油酯的氧化速率略高，当油脂中游离脂肪酸的含量大于 0.5% 时，自动氧化速率会明显加快；而甘油酯中脂肪酸的无规则分布有利于降低氧化速率。

2. 氧

在非常低的氧气压力下，氧化速度与氧压近似成正比，如果氧的供给不受限制，那么氧化速度与氧压力无关。同时氧化速度与油脂暴露于空气中的表面积成正比，如膨化食品（方便面）中的油比纯净的油易氧化。因而可采取排除氧气，采用真空或充氮包装和使用透气性低的包装材料来防止含油脂食品的氧化变质。

3. 温度

一般来说，温度上升，氧化反应速率加快，因为高温既能促进自由基的产生，又能促进氢过氧化物的分解和聚合。但温度上升，氧的溶解度会有所下降。饱和脂肪酸在室温下稳定，但在高温下也会发生氧化。例如猪油中饱和脂肪酸含量通常比植物油高，但猪油的货架期却常比植物油短，这是因为猪油一般经过熬炼而得，经历了高温阶段，引发了自由基所致；而植物油常在不太高的温度下用有机溶剂萃取而得，故稳定性比猪油好。

4. 水分活度

油脂氧化反应的相对速率与水分活度的关系如图 4-3 所示，在水分活度 0.33 处氧化速率最低，当水分活度从 0 升高到 0.33 时，随着水分活度增加，氧化速率降低，这是因为十分干燥的样品中添加少量水，既能与催化氧化的金属离子水合，

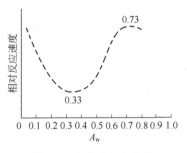

图 4-3　水分活度与脂肪
氧化速率的关系

使催化效率明显降低，又能与氢过氧化物结合并阻止其分解；水分活度从 0.33 变化到 0.73 时，随着水分活度增大，催化剂的流动性提高，水中溶解氧增多，分子溶胀，暴露出更多催化点位，故氧化速率提高；当水分活度大于 0.73 后，水量增加，使催化剂和反应物的浓度被稀释，导致氧化速度降低。

5. 表面积

一般来说，油脂与空气接触的表面积与油脂氧化速率成正比，故可采用真空或充氮包装及使用低透气性材料包装，可防止含油食品的氧化变质。

6. 助氧化剂

一些具有合适氧化还原电位的二价或多价过渡金属是有效的助氧化剂，即使浓度低至 0.1mg/kg，仍能缩短链引发期，使氧化速率加快。不同金属催化能力强弱排序如下：铅＞铜＞黄铜＞锡＞锌＞铁＞铝＞不锈钢＞银。

金属离子源于种植油料作物的土壤、加工储藏设备以及食物材料本身。此外，血红素也是油脂氧化的催化剂，熬炼猪油时若血红素未去除完全，则猪油酸败速度快。

7. 光和射线

可见光、不可见光和 γ 射线是有效的氧化促进剂，这主要是由于光和射线不仅能够促进氢过氧化物分解，而且还能把未氧化的脂肪酸引发为自由基，其中以紫外线和 γ 射线辐射能最强，因此，油脂和含油脂的食品宜用有色或遮光容器包装。

8. 抗氧化剂

抗氧化剂是能推迟具有自动氧化能力的物质发生氧化或减慢氧化速度的物质。应用于食品的抗氧化剂有丁基羟基茴香醚（BHA），丁基羟基甲苯（BHT），没食

子酸丙酯（PG）等。BHA 和 BHT 在加热如油炸、煎煮及烘烤时化为蒸气渗入食品中，更能增加食品的保存期。

它们的作用机理是夺取油脂自氧化反应诱导期中产生的自由基，中断后两步反应。如 AH 为抗氧化剂，它与 RH 的自由基竞争反应如下：

$$ROO \cdot + AH \longrightarrow ROOH + A \cdot \qquad (4\text{-}1)$$
$$ROO \cdot + RH \longrightarrow ROOH + R \cdot \qquad (4\text{-}2)$$

以上反应中以式（4-1）反应占优势，因而 R·生成很少，使得油脂的自氧化反应链传播中断。而 A·（抗氧剂自由基）由于有特定的分子结构，其自由基在苯环上是可移动的，是分子内不定位的平衡共振，并不把自由基转给其他的分子，中止了自由基的再传播，因此阻止了油脂的氧化。

在天然油脂中常会有天然的抗氧化剂，如胡萝卜素、维生素 E、卵磷脂等，植物油较动物油有较好的稳定性是由于维生素 E 含量高的缘故。

第四节　油脂在高温下的化学变化

脂肪在高温下除聚合、缩合、水解、氧化等化学反应外，还有热分解反应。使酸价增高并且产生刺激性气味的，正是由于在高温下热解和氧化两种反应同时存在，饱和与不饱和脂肪酸在有氧、无氧存在下加热均发生热分解反应，生成了酸、醛、酮等化合物，甚至还有毒性。金属离子如 Fe^{2+} 的存在可催化热解。所以，食品工业要求控制油温在 150℃左右，并且油炸油不宜长期连续使用。

油脂经长时间加热，结果使黏度增加，碘值下降，酸价增大，发烟点下降，泡沫量增多。热变性的脂肪不仅味感变劣，而且丧失营养，因此了解油在高温下的变化对于控制产品质量极为重要。

一、油脂在油炸过程中产生的化合物

1. 挥发性化合物

油脂在油炸过程中产生饱和与不饱和醛、酮、烃、内酯、醇、酸和酯等化合物。油脂在空气中于 180℃下加热 30min 以后，所形成的主要挥发性氧化产物可用气相色谱法进行鉴定。

2. 中等挥发性非聚合的极性化合物

例如羟基酸和环氧酸，由各种不同氧化途径形成的化合物。

3. 二聚酸和多聚酸以及二聚甘油酯和多聚甘油酯

由于聚合反应，形成多聚物使油脂黏度明显增大。

4. 游离脂肪酸

三酰基甘油在有水和加热条件下水解产生游离脂肪酸。

二、油脂在油炸过程中的化学变化

在油炸过程中无论油脂或食品都会发生多种物理和化学变化，这些变化有的可以使油炸食品具有特征的感官品质；但是，如果对油炸过程的条件控制不适当则会引起油脂的分解和聚合，不仅会损害油炸食品的感官品质，而且也会使营养价值降低。

油脂加热后（温度$\geq 300℃$时），黏度增大，逐渐由稠变冻以至凝固，同时油脂起泡性也增加，这种现象是由于油脂加热聚合所引起的。油脂聚合又分为热聚合和热氧化聚合两种。

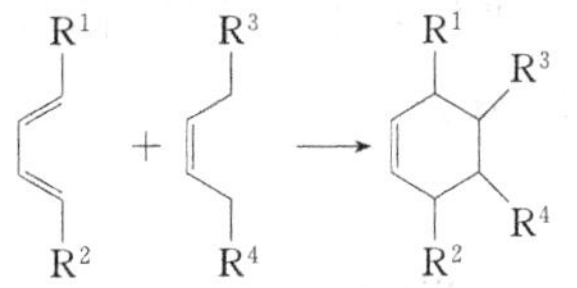

图 4-4　油脂分子间
非氧化热聚合

1. 热聚合

油脂在真空、二氧化碳、氮气的无氧条件下，加热至 $200\sim300℃$ 的高温时，增稠速度极快，油脂热增稠是由于发生了聚合作用，当温度 $\geq 300℃$ 时，增稠速度极快，如图 4-4 所示。

聚合作用可以发生在同一甘油酯的脂肪酸残基之间，也可以发生在不同的甘油酯之间。

2. 热氧化聚合

油脂在空气中加热至 $200\sim230℃$ 时即能引起热氧化聚合。油炸食品所用的油逐渐变稠，即属于此类聚合反应。油的热氧化聚合过程随油的种类不同而不同，干性油的桐油、亚麻油等最易聚合，半干性油的大豆油、芝麻油等次之，不干性的橄榄油、花生油等则不易聚合。一般认为热氧化聚合体的形成是由于碳-碳结合所生成的聚合体，油脂热聚合的程度与温度、氧气的接触面有关。金属尤其是铁、铜都

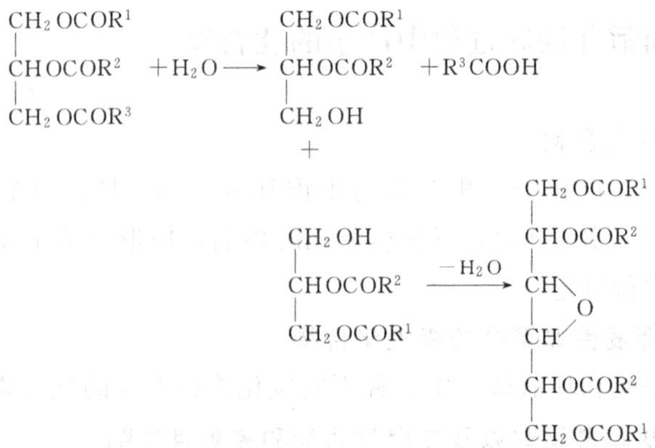

图 4-5　油脂缩合生成环氧化合物的反应

可促使油脂的热聚合，即使 1mg/kg 的含量也能促使油脂氧化聚合加快。

3. 缩合

高温下特别是在油炸条件下，食品中的水进入到油中，使油脂发生部分水解，然后再缩合成分子量较大的环氧化合物，见图 4-5。

第五节　油脂加工化学

一、油脂的制取精炼

1. 油脂的制取

一般油脂的制取方法有压榨法、熬炼法、浸出法及机械分离法四种。每种方法适用范围及其工艺特点分述如下。

（1）压榨法　通常用于植物油的榨取或作为熬炼法的辅助法。压榨有冷榨和热榨两种，热榨是将油料作物种子炒焙后再榨取，炒焙不仅可以破坏种子组织中的酶，而且油脂与组织易分离，故产量较高，产品中的残渣较少，容易保存。如果压榨后，再经过滤或离心分离质量就更好，热榨油脂因为植物种子经过炒焙，所以气味较香，但颜色较深。冷榨法植物种子不加炒焙，所以香味较差，但色泽好。

（2）熬炼法　通常用于动物油脂加工。动物组织经高温熬制后，组织中的脂肪酶和氧化酶可全部被破坏。经过熬炼后的油脂即使有少量的残渣存在，油脂也不会酸败。因此熬炼法在卫生学上认为是较完善的加工方法。但熬炼的温度不宜过高，时间不宜过长，否则会使部分脂肪分解，油脂中游离脂肪酸量增高，且温度过高容易使动物组织焦化，影响产品的感官性状。

（3）浸出法（萃取法）　利用溶剂提取组织中油脂，然后再将溶剂蒸馏除去，可得到较纯的油脂。浸出法多用于植物油的提取，油脂中组织残渣很少，质量纯净。此法的优点是油脂不分解，游离脂肪酸的含量亦不会增加。压榨法所得油饼中残油量在 4%～5%，而用溶剂萃取法，残油量仅为 0.5%～1.5%。尤其对含油量低的原料，此法更为有利。浸出法的缺点是食油中溶剂不易完全除净，所用溶剂多为轻汽油，如质量不纯则含有苯和多环芳烃等有毒化合物，长期食用将对人体造成危害。如果余留在残渣中的溶剂较多，也不适宜直接作为饲料。此外设备费用高。

（4）机械分离法（离心法）　是利用离心机将油脂分离开来，主要用于从液态原料提取油脂。如从奶中分离奶油。另外，在用蒸汽湿化并加热磨碎原料后，先以机械分离提纯一部分油脂，然后再进行压榨。或压榨制得的产品中残渣杂质过多时，也可在所得产品中加热水使油脂浮起，然后再以机械法分离上层油脂。为了减少油脂产品的残渣含量，可采用机械分离法。

食用油脂加工过程中应尽量防止或减少动植物组织残渣的存留和尽量避免微生

物的污染，对浸出法生产的食油要注意溶剂的纯度和溶剂的残留。油脂提取在实际生产中，应结合设备条件和原料的种类来选择适当的加工方法。一般情况下，动物油脂除奶油外，以熬炼法较好。植物油脂应采用热榨法，最好再采用机械分离法或浸出法使产品更加纯净。

2. 油脂的精炼

从油料作物、动物脂肪中采用有机溶剂浸提、压榨、熬炼、机械分离等方法只能得到粗油，粗油中含有磷脂、色素、蛋白质、纤维素、游离脂肪酸及有异味的杂质，甚至存在有毒成分（如花生油中的黄曲霉毒素，棉籽油中的棉酚）。无论是风味、外观，还是油的品质、稳定性，粗油都是不理想的。对粗油进行精制，可提高油的品质，改善风味，延长油的货架期。油脂的精炼一般包含如下 5 个步骤。

（1）沉降　静置沉降，用过滤法或离心等法除去油中不溶性杂质。

（2）脱胶　应用物理、化学或物理化学方法将粗油中的胶溶性杂质脱除的工艺过程称为脱胶。粗油中若磷脂含量高，加热时易起泡、冒烟、有臭味，且磷脂在高温下因氧化而使油脂呈焦褐色，影响煎炸食品的风味。脱胶是依据磷脂及部分蛋白质在无水状态下可溶于油，但与水形成水合物后则不溶于油的原理，向粗油中加入热水或通水蒸气，加热脂肪并在 50℃ 温度下搅拌混合，然后静置分层，分离水相即可除去磷脂和部分蛋白质。

（3）脱酸　粗油中含有 0.5% 以上的游离脂肪酸。米糠油中游离脂肪酸含量高达 10%。游离脂肪酸影响油的稳定性和风味，可采用碱中和的方法除去，加入的碱量可通过测定酸价确定。中和反应生成的脂肪酸盐（皂脚）进入水相，分离水相后，再用热水洗涤中性油，静置离心，分离除去残留的皂脚，该过程同时还可吸附一部分胶质和色素。

（4）脱色　粗油中含有叶绿素、类胡萝卜素等色素，叶绿素是光敏剂，影响油脂的稳定性。同时色素也影响油脂的外观，可用吸附剂除去。吸附剂可用活性炭、白土等。吸附剂同时还可吸附磷脂、皂脚及一些氧化产物，最后过滤除去吸附剂。

（5）脱臭　油脂中存在一些异味物质，主要源于油脂氧化产物，采用减压蒸馏的方法，并添加柠檬酸螯合过渡金属离子、抑制氧化作用，此法不仅可除去挥发性的异味物，还可使非挥发性的异味物热分解为挥发物，蒸馏除去。

油脂精炼后品质提高，但也有一些负面的影响，如损失了一些脂溶性维生素，如维生素 A、维生素 E 和类胡萝卜素等。胡萝卜素是维生素 A 的前体物，胡萝卜素和维生素 E 也是天然抗氧化剂。

二、油脂的改性

1. 油脂的氢化

由于天然来源的固体脂肪非常有限，可采用改性的方法将液体油转化为固体或半固体脂。酰基甘油上不饱和脂肪酸的双键在 Ni、Pt 等的催化作用下，在高温下与氢气发生加成反应，不饱和度降低，从而把在室温下呈液态的油变成固态的脂，这种过程称为油脂的氢化。氢化后的油脂，熔点提高，颜色变浅，稳定性提高，油脂氢化分为全氢化和部分氢化，全氢化用镍作为催化剂加热至 $250℃$，通入氢气使压力达到 $8.08 \times 10^5 Pa$，全氢化可生成硬化型氢化油脂，主要用于生产肥皂。部分氢化是在 $1.5 \times 10^5 \sim 2.5 \times 10^5 Pa$ 和 $125 \sim 190℃$ 下用镍粉催化并不断地搅拌，因搅拌有利于氢溶解和使催化剂与油混合均匀，同时还有助于反应生成的热很快散失，部分氢化生成乳化型可塑性脂肪，用于加工人造奶油、起酥油等。

油脂氢化前必须经过精炼、漂白和干燥，游离脂肪酸的含量要低，另外，氢气还必须干燥且不含硫、CO_2 和氨等杂质，催化剂应具有持久的活性，使氢化和异构化的选择性按期望的方式进行，同时应该容易过滤除去。氢化反应过程通常按油脂折射率的变化来进行监控，因为油脂的折射率与其饱和程度有关。当氢化反应达到所要求的终点时，将氢化油脂冷却，并过滤除去催化剂。

油脂氢化具有重要的工业应用，如含有不愉快气味的鱼油等经过氢化后，可使其臭味消失，颜色变浅，稳定性增加，并能改变风味，提高油的质量，且便于运输和储存。此外，氢化还可以改变油脂的性质，如猪油进行氢化后，可以改善稠度和稳定性。油脂中所含的类胡萝卜素因氢化而破坏，故硬化油色泽较淡，如棉籽油经氢化后色度可以降低 50%，由于脂溶性的维生素被破坏，且氢化还伴随着双键的位移和反式异构体的产生，这些从营养学方面考虑，都是不利的。

2. 酯交换

天然油脂中脂肪酸的分布模式，赋予了油脂特定的物理性质，如结晶特性、熔点等。有时这种性质限制了它们在工业上的应用，但可以采用化学改性的方法如酯交换改变脂肪酸的分布模式，以适应特定的需要。例如猪油的结晶颗粒大，口感粗糙，不利于产品的稠度，也不利于用在糕点制品上，但经过酯交换后，改性猪油可结晶成细小颗粒，稠度改善，熔点和黏度降低，适合于作为人造奶油和糖果用油。酯交换可以在分子内进行，也可以在不同分子之间进行，见图 4-6。

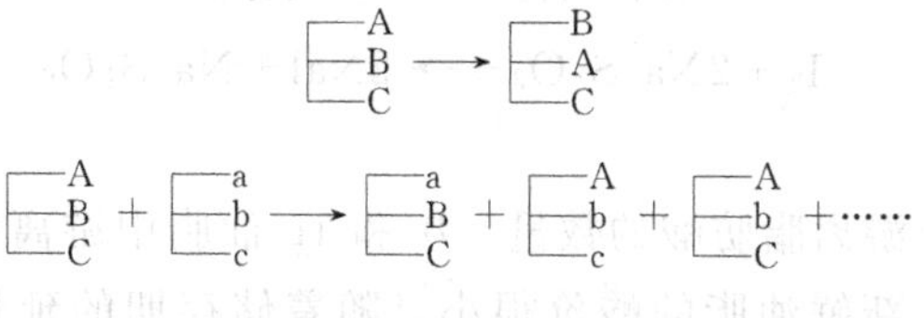

图 4-6 在分子内或不同分子之间进行酯交换

酯交换一般采用甲醇钠作催化剂，通常只需在 $50 \sim 70℃$ 下，不太长的时间内就能完成。

第六节　油脂的质量评价

油脂在加工和储藏过程中，其品质会因各种化学反应而逐渐降低，脂肪的氧化反应是引起油脂酸败的重要因素。此外水解、辐照等反应均会导致油脂品质降低。脂类氧化反应十分复杂，氧化产物众多，且有些中间产物极不稳定，易分解，故对油脂氧化程度的评价指标的选择是十分重要的。目前仍没有一种简单的测试方法可立即测定所有的氧化产物的氧化程度。常常需要测定几种指标，方可正确评价油脂的氧化程度。

1. 皂化值

1g 油脂完全皂化时所需要的氢氧化钾的毫克数叫做皂化值。皂化值的大小与油脂平均分子质量成反比，油脂的皂化值一般都在 200 左右。组成油脂的脂肪酸分子质量越小，油脂的皂化值越大。肥皂工业根据油脂的皂化值的大小，可以确定合理的用碱量和配方；皂化值较大的食用油脂，熔点则较低，消化率则较高。

2. 碘值

100g 油脂吸收碘的克数叫做碘值，通过油脂的碘值可以判断油脂中脂肪酸的不饱和程度（即双键数）。碘值大的油脂，说明油脂组成中不饱和脂肪酸含量高或不饱和程度高。碘值下降，说明双键减少，油脂发生了氧化。所以有时用这种方法监测油脂自动氧化过程中二烯酸含量下降的趋势。根据碘值的大小可以把油脂分为：干性油（碘值在 180～190）；半干性油（碘值在 100～120），不干性油（碘值小于 100）。由于碘与脂肪酸中双键的加成反应速度慢，所以常用氯化碘或溴化碘代替碘以加快反应速度。

$$I_2 + Br_2 \longrightarrow 2IBr$$

$$-CH=CH- + IBr \longrightarrow \overset{\displaystyle -CH-CH-}{\underset{\displaystyle \quad I \quad\; Br}{\vert \quad\; \vert}}$$

过量的 IBr 在 KI 存在下，析出 I_2，再用 $Na_2S_2O_3$ 溶液滴定，即可求得碘值。

$$IBr + KI \longrightarrow I_2 + KBr$$

$$I_2 + 2Na_2S_2O_3 \longrightarrow 2NaI + Na_2S_4O_6$$

3. 酸价

酸价表示油脂中游离脂肪酸的数量。中和 1g 油脂中游离脂肪酸所需的氢氧化钾毫克数称为酸价。新鲜油脂的酸价很小，随着储存期的延长和油脂酸败情况恶化，其酸价随之增大。油脂中游离脂肪酸含量增加，可直接说明油脂的新鲜度和质量的下降。所以酸价是检验油脂质量的重要指标。根据我国食品卫生的国家标准规定：食用植物油的酸价不得超过 5。

4. 过氧化值

过氧化值是指 1kg 油脂中所含氢过氧化物的毫摩尔数。氢过氧化物是油脂氧化的主要初级产物，在油脂氧化初期，过氧化值随着氧化程度加深而增高。而当油脂深度氧化时，氢过氧化物的分解速度超过了氢过氧化物的生成速度，这时过氧化值会降低，所以过氧化值宜用于衡量油脂氧化初期的氧化程度。过氧化值常用碘量法测定：

$$ROOH + 2KI \longrightarrow ROH + I_2 + K_2O$$

生成的碘再用 $Na_2S_2O_3$ 溶液滴定，即可定量确定氢过氧化物的含量。

$$I_2 + 2Na_2S_2O_3 \longrightarrow 2NaI + Na_2S_4O_6$$

复 习 题

1. 脂肪如何分类？

2. 油脂主要是由哪几种元素组成？

3. 食品中油脂有哪些物理和化学性质？

4. 食用油脂在加工和储藏过程中会发生哪些变化？

5. 在酸或碱及加热条件下水解产物是什么？油脂在食品中有哪些作用？

6. 油脂自动氧化历程包括哪几步？影响脂肪氧化的因素有哪些？

7. 油脂氧化与水分活度的关系如何？

8. 根据所学的知识解释为什么猪油的碘值通常比植物油低，但其稳定性通常比植物油差？

9. 解释油脂酸败的原因，如何避免或减慢油脂的酸败？

10. 食用油脂为什么需要精炼？应如何精炼？

第五章　蛋白质和酶

第一节　概　述

蛋白质是生命的物质基础，没有蛋白质就没有生命。机体中的一切细胞和重要组成部分都有蛋白质参与，是构成生物体的基本物质。动物的肌肉、血液、毛、角等主要是由蛋白质构成的。此外，一切重要的生命现象和生理机能，都与蛋白质有密切关系。生物体新陈代谢所需的酶，就是一种特殊的蛋白质。蛋白质在遗传信息和控制信息方面也有重要的作用。

我们机体所需要的蛋白质主要通过从动物性和植物性食物中摄取。动物性食物如各种肉类是人类膳食蛋白质的良好来源，其蛋白质含量一般为 10％～20％，乳酪的蛋白质含量为 1.5％～3.8％，蛋类的蛋白质含量为 11％～14％。植物内蛋白质的含量较低，谷类一般含蛋白质为 6％～10％，在豆科植物如某些干豆类的蛋白质含量可高达 40％左右，尤其是大豆在豆类中更为突出。常见食物的蛋白质含量见表 5-1。

表 5-1　常见食物的蛋白质含量（质量分数）

食　物	蛋白质/％	食　物	蛋白质/％
猪肉	13.3～18.5	小麦	12.4
鸡肉	21.5	大米	8.5
羊肉	14.3～18.7	花生	25.8
鸡蛋	13.4	大豆	39.0
牛乳	3.5	玉米	8.6

蛋白质除了保证食品的营养价值外，对食品的色、香、味、形等质量特征方面起重要作用。如小麦中的面筋性蛋白质胀润后在面团中形成坚实的面筋网，并具有一定的黏性和延伸性。在食品加工时使面包和饼干等糕点具有重要、独特的性质。因此对蛋白质的结构、性质及其在食品加工过程中所发生的变化进行研究学习有很重要的实际意义。

第二节　氨基酸与蛋白质的结构及分类

一、氨基酸的结构

食物中的蛋白质必须经过肠胃道消化、分解成氨基酸才能被人体吸收利用，所以，人体对蛋白质的需要实际上就是对氨基酸的需要。自然界中氨基酸种类有一百多种，但组成天然蛋白质的氨基酸只有 20 余种，并且其中绝大多数是 α-氨基酸。α-氨基酸可以看作是羧酸分子中的 α-碳原子上的一个氢原子被氨基（—NH₂）取代而生成的一类化合物。α-氨基酸的结构通式如图 5-1 所示。

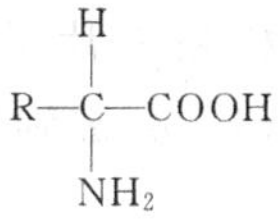

$$\begin{array}{c} H \\ | \\ R-C-COOH \\ | \\ NH_2 \end{array}$$

图 5-1　氨基酸结构通式

α-碳原子是指与官能团直接相连的碳原子。R 为氨基酸的各种不同结构的侧链。每一种氨基酸的侧链各不相同，这些侧链影响着氨基酸的物理性质和化学性质。

二、蛋白质的结构

虽然组成蛋白质的元素只有六七种，但其种类却高达成千上万种。这是因为蛋白质分子具有复杂的结构。蛋白质的结构可分为一级、二级、三级结构，某些蛋白质分子还具有四级结构。

（一）一级结构（平面结构）

蛋白质的一级结构是指蛋白质分子中由肽键连接起来的各种氨基酸的排列顺序，也称初级结构或化学结构。在蛋白质分子中，氨基酸以肽键相连成链状，叫肽链。所谓肽键就是指一个氨基酸的羧基与另一个氨基酸的氨基缩水而成的酰胺键（图 5-2）。

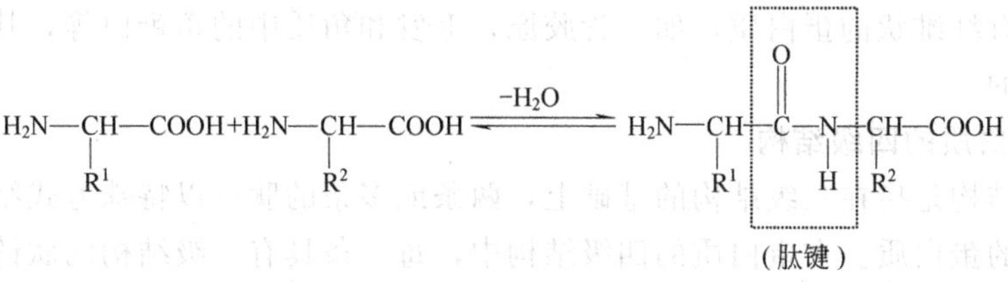

$$H_2N-\underset{\underset{R^1}{|}}{CH}-COOH+H_2N-\underset{\underset{R^2}{|}}{CH}-COOH \underset{-H_2O}{\rightleftharpoons} H_2N-\underset{\underset{R^1}{|}}{CH}-\overset{\overset{O}{\|}}{C}-\underset{\underset{H}{|}}{N}-\underset{\underset{R^2}{|}}{CH}-COOH$$

（肽键）

图 5-2　氨基酸间的成肽反应

蛋白质的一级结构与生物的种属特异性有直接关系，是指蛋白质分子中，由肽键连接起来的各种氨基酸的排列顺序。目前可以运用氨基酸自动分析仪和氨基酸顺序自动分析仪，对蛋白质的一级结构进行测定。

（二）空间结构（二、三、四级结构）

蛋白质分子除了平面结构外，还具有空间结构，即在空间还具有一定的立体形状。蛋白质分子的立体结构分为二、三、四级结构。

1. 二级结构

蛋白质的二级结构是指蛋白质分子在一级结构的基础上，肽链按照一定的规律进一步卷曲、折叠或缠绕所形成的空间结构形式。蛋白质的二级结构主要有 α-螺旋结构和 β-片层结构。

（1）α-螺旋结构 α-螺旋结构是球状蛋白质构象中最为常见的形式，见图5-3。

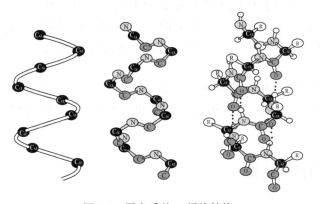

图 5-3 蛋白质的 α-螺旋结构

（2）β-片层结构 在此结构中，肽链呈锯齿状折叠。相邻两条肽链互相平行排列成片状，以氢键相连，层间靠范德瓦耳斯力维系。

2. 三级结构

蛋白质的三级结构是二级结构的多肽键进一步卷曲、盘绕而形成的不规则的复杂结构。很长的蛋白质多肽链，由于经过三级结构的充分盘旋、卷曲成为了紧密的空间结构。如由153个氨基酸组成的肌红蛋白多肽链，经过八次折叠卷曲最终形成紧密的椭圆形。如卵清蛋白、乳球蛋白则是球形的。蛋白质的三级结构大部分为球形，但也有纤维状的蛋白质，如，骨胶原，毛发和角质中的角蛋白等，其三级结构是纤维状的。

3. 蛋白质的四级结构

四级结构是指在三级结构的基础上，两条或多条的肽链以特殊方式结合生成有生物活性的蛋白质。在蛋白质的四级结构中，每一条具有三级结构的肽链称为一个亚基，两条或两条以上的亚基依靠非共价键力按照一定方式聚合成大分子。如，血红蛋白是蛋白质四级结构的典型例子，由两条 α 链和两条 β 链组成。

蛋白质的空间结构与蛋白质的生理活性有着重要的联系，当蛋白质分子的空间结构被破坏时，蛋白质就失去了它原有的生理活性。

三、蛋白质的分类

蛋白质的种类很多，人体中蛋白质种类估计达到了十万种以上，即使结构简单的原核生物，也含有几千种蛋白质。为了便于对蛋白质进行研究，需要将它们分类。根据蛋白质分子的形状分为球状蛋白质和纤维蛋白质；根据蛋白质分子中化学成分分为单纯蛋白质和结合蛋白质；根据生理功能将蛋白质分为生理活性蛋白质和非活性蛋白质。

目前较普遍采用的是根据蛋白质分子化学组成分类。完全水解后的产物只有 α-氨基酸的蛋白质称为单纯蛋白质；由单纯蛋白质与耐热的非蛋白质物质结合生成的蛋白质则称为结合蛋白质。

（一）单纯蛋白质的类型

1. 清蛋白

清蛋白溶于水及稀酸或稀盐、稀碱溶液，加热易凝固。用硫酸铵盐析时，50%饱和度以上开始析出。普遍存在于生物体系中，如卵清蛋白、血清蛋白、乳蛋白等。

2. 球蛋白

球蛋白不溶于水，易溶于稀盐、稀酸或稀碱溶液，用50%饱和硫酸铵可以析出。普遍存在于生物体系中，如大豆球蛋白、卵球蛋白、免疫球蛋白等。

3. 谷蛋白

谷蛋白不溶于水和稀盐溶液，易溶于稀酸或稀碱溶液中。存在于谷类植物种子中，如麦谷蛋白、米谷蛋白等。

4. 醇溶谷蛋白

醇溶谷蛋白可溶于70%～80%的乙醇中，不溶于水和无水乙醇，可溶于稀酸、稀碱溶液之中。在化学组成上有一定的特点，如含有脯氨酸和酰胺较多，非极性侧链比极性侧链多。存在于谷类植物种子中，如玉米醇溶谷蛋白、小麦醇溶谷蛋白等。

5. 精蛋白

精蛋白溶于水及稀酸，在稀氨水中沉淀，分子量较小。精蛋白缺少色氨酸和酪氨酸，含精氨酸和赖氨酸特别多，是碱性蛋白质。加热不易凝固。存在于成熟精细胞中，与DNA结合在一起，如鱼精蛋白。

6. 组蛋白

组蛋白溶于水及稀酸，在稀氨水中沉淀，分子量较小，分子中精氨酸和赖氨酸特别多，分子呈弱碱性，加热不易凝固。一般存在于动物体细胞的细胞核中，与DNA结合在一起。由于分子中含有酪氨酸，故可用米伦反应区别于精蛋白，如小牛胸腺组蛋白。

7. 硬蛋白

硬蛋白不溶于水、盐溶液，也不溶于稀酸和稀碱溶液，是动物体中作为结缔组织和保护功能的蛋白质，如筋、毛、爪中的胶原蛋白，蚕丝丝心蛋白等。

（二）结合蛋白质的类型

1. 核蛋白

核蛋白由核酸和蛋白质组成，存在于一切生物体中。如动物细胞核的核蛋白，由蛋白质和 DNA 组成。

2. 糖蛋白

糖蛋白由糖类和蛋白质结合而成，普遍存在于生物体系中，在体液、皮肤、软骨和结缔组织中。如卵清蛋白中的黏蛋白、绒毛膜激素、唾液中的黏蛋白等。

3. 脂蛋白

脂蛋白由糖类和蛋白质组成。主要存在于线粒体、微粒体、细胞膜和动物血浆中。脂蛋白不溶于乙醚而溶于水，因此，在血液中由脂蛋白来运输脂类物质。如血清中的 α-脂蛋白和 β-脂蛋白，蛋制品中的卵黄蛋白等。

4. 色蛋白

色蛋白由色素和蛋白质组成，最重要的是含卟啉类的色蛋白。如细胞色素 c、血红蛋白都是蛋白质和铁卟啉组成的。叶绿蛋白是由蛋白质与含镁的叶绿素组成的。此外，核黄素蛋白也是色蛋白。

5. 磷蛋白

磷蛋白由磷酸和蛋白质组成。磷酸往往和丝氨酸或苏氨酸的羟基结合在一起。如乳制品的酪蛋白、卵中的卵黄蛋白、胃蛋白酶等。

第三节　蛋白质的物理化学性质

一、蛋白质的两性解离及等电点

尽管在蛋白质分子中氨基酸的氨基与羧基相互结合成肽键，但仍有一些未结合的氨基、羧基和其他极性基团。所以蛋白质与氨基酸相似，它是两性电解质，也可以发生两性解离，如图 5-4 所示。

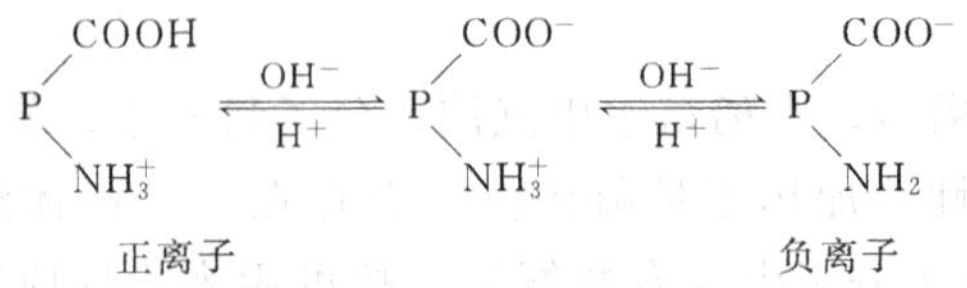

图 5-4　蛋白质的两性电离

同氨基酸的等电点概念一样，当蛋白质分子上的正、负电荷数量相等（净电荷为零）时，此时溶液的 pH 值就是这种蛋白质的等电点。各种蛋白质都具有特定的等电点，其等电点与它所含氨基酸的种类和数量有关。处于等电点状态下的蛋白质分子，由于其净电荷为零，所以在外加电场中不发生移动，我们可据此在不同的 pH 值下对各种蛋白质作电泳实验来确定蛋白质的等电点。

蛋白质分子处于等电点时，由于分子的净电荷为零，在外加电场下不发生移动，所以分子之间极易相互碰撞，凝集沉淀，从而导致了蛋白质在等电点时溶解度最小，最易沉淀。利用这一特点，可以分离和提取蛋白质。

在蛋白质的等电点时，溶液的黏度、渗透压等将为最低值，蛋白质与酸碱的结合能力最小，如表 5-2 所示。

表 5-2　某些蛋白质的等电点

蛋白质	来　源	等电点	蛋白质	来　源	等电点
谷蛋白	面粉	7.0	乳球蛋白	乳	5.1
醇溶谷蛋白	面粉	6.5	明胶	骨	4.9
肌球蛋白	肉	5.4	卵清蛋白	蛋	4.6

二、蛋白质的胶体性质

蛋白质是高分子化合物，分子体积较大，直径在 1～100nm，符合胶体颗粒的范围。又由于蛋白质分子表面有许多极性基团（如氨基、羧基、羟基等）亲水性极强，因此蛋白质颗粒表面有一层水化膜，使蛋白质颗粒在水中互相隔开，保持悬浮状态而不沉淀，所以蛋白质是稳定的亲水胶体。蛋白质溶液具有布朗运动、丁达尔现象、电泳现象，蛋白质颗粒不能透过半透膜及具有吸附能力等。

三、蛋白质的沉淀作用

当蛋白质溶液失去水化膜及电荷这些稳定因素后，蛋白质分子颗粒就会发生凝聚，从溶液中沉淀出来，这种现象就称为蛋白质的沉淀作用。蛋白质的沉淀作用分为两种：可逆沉淀与不可逆沉淀。

可逆沉淀：当去除沉淀因素使蛋白质溶液稳定的因素又恢复后，已沉淀的蛋白质又溶于原溶剂，恢复其生物活性的现象。

不可逆沉淀：就是被沉淀的蛋白质，当去除沉淀因素后，蛋白质颗粒不再溶于原溶剂的现象。

蛋白质沉淀的主要方法有以下几种。

1. 盐析

加盐使蛋白质沉淀析出的现象称为盐析。如硫酸铵、硫酸钠、氯化钠等强电解质，溶解度很大，能破坏蛋白质的水化膜，中和蛋白质分子上的电荷，使蛋白质沉淀析出。盐析的作用很广泛，几乎所有的蛋白质都可以用盐析法制备。盐析法分离出的蛋白质的物理性质、化学性质都不发生改变，所以常用来提取酶制剂。

2. 有机溶剂沉淀法

丙酮、酒精等的亲水性大于蛋白质分子的亲水性，它们可以使蛋白质的水化膜消失，分子凝聚成大颗粒，最后沉淀析出。低温时，蛋白质用有机溶剂脱水，能保持原有的生物活性。若用乙醇脱水，长时间后，会使蛋白质变性。

3. 重金属盐和生物碱沉淀法

重金属盐类也是蛋白质沉淀剂，蛋白质在碱性溶液中呈负离子，可与这些重金属离子作用生成不易溶解的盐而沉淀。

生物碱（如苦味酸、单宁酸、三氯乙酸等）能和蛋白质结合，形成不溶解的盐而沉淀。例如，测定酶活力时，常加三氯乙酸终止酶促反应。

四、蛋白质的显色反应

1. 双缩脲反应

蛋白质在碱性溶液中与硫酸铜反应呈现紫红色，称为双缩脲反应。凡分子中含有两个以上—CO—NH—键的化合物都可发生此反应，蛋白质分子中的氨基酸是以肽键相连，因此，所有蛋白质都能与双缩脲试剂发生反应。

2. 水合茚三酮反应

α-氨基酸与水合茚三酮作用时，产生蓝色反应，由于蛋白质是由许多α-氨基酸组成的，所以也呈此颜色反应。

第四节 食品加工中蛋白质的变化

在光线、热、酸、碱、高压、加热或某些试剂（乙醇、丙酮、重金属离子）的作用等外界因素的影响下，蛋白质的生物活性遭到破坏，性质发生改变，这种现象称作蛋白质的变性作用。蛋白质的变性有可逆和不可逆两种。

一、蛋白质的物理变性

1. 加热

热是蛋白质变性最常见的物理因素，热变性是最普遍的变性现象。大多数蛋白质一般在$40\sim50℃$时就可被观察到有变性产生，$55℃$左右变性进行得更加明显。但在$70\sim80℃$以上，蛋白质的键受热而断裂，这时蛋白质的变性就会加剧。变性作用的速度取决于温度的高低，一般情况下，温度每上升 10℃，变性的速度就会加快 600 倍左右。

2. 干燥

如果将蛋白质进行大量脱水，仍然可以引起某些蛋白质的变性。这是因为蛋白质表面的保护性水膜被脱去，蛋白质分子之间的距离被缩短后，蛋白质分子之间相互作用所致。

3. 低温

低温同样能使某些蛋白质变性。这些蛋白质在被冷却或者冷冻时，会发生凝集和沉淀。

4. 机械处理

在加工某些食品时，如果对其进行机械处理，则会产生剪切力而导致蛋白质变性。另外，反复地进行拉伸也会致使蛋白质的 α-螺旋遭到破坏，从而使蛋白质变性。

5. 辐射

辐射因为其波长和能量的不同，对蛋白质的影响也不同。蛋白质受到一定的辐射后，会使其构象发生变化，也可使氨基酸的残基氧化、共价键断裂、电离、形成自由基，从而使蛋白质变性。

二、蛋白质的化学变性

1. 酸和碱

蛋白质所处的 pH 值对于其变性也是有很大的影响。大多数的蛋白质在一定的 pH 范围内是稳定的，但是当蛋白质遇到过高或者过低的 pH 值时，也会发生变性。

2. 金属

随着金属活动性的递减，金属对蛋白质变性的影响会越来越强烈。例如，碱金属可有限度地和蛋白质发生反应，碱土金属则稍为活泼，而过渡金属则可以很容易地和蛋白质起反应生成稳定的络合物。

3. 有机溶剂

大多数有机溶剂都可以使蛋白质变性。有些有机溶剂是降低水与蛋白质的作用，促使蛋白质变性；有些有机溶剂是改变了介质的介电常数，使蛋白质变得不稳定，进而使蛋白质变性；还有的有机溶剂是使蛋白质中的 α-螺旋结构或者 β-片层结构占优势，使得蛋白质变性。

4. 有机化合物

当某些有机化合物加入到蛋白质中时，会使得蛋白质中的氢键发生断裂并引起蛋白质不同程度上的变性；还有些有机化合物在蛋白质的亲水环境和疏水环境之间起媒介作用，因此它们可以破坏疏水相互作用，有利于蛋白质的延伸。

蛋白质变性有有利的一面，也有不利的一面。如，加热可使蛋清变性凝固；豆浆中加入石膏会变成凝乳；谷蛋白遇热变性烤制面包；牛奶发酵变酸制成风味独特的酸奶；过度饮酒能使血蛋白变性凝固而导致死亡；在重金属中毒时，给患者吃大量蛋清，与重金属结合生成不溶性的变性蛋白，将沉淀物从肠胃中洗出。在实践中有时也要防止蛋白质变性，如生产酶制剂时，防止酶变性而丧失生物活性。另外，人体衰老和皮肤变粗、干燥，都是因为蛋白质逐渐变性，亲水性相应减弱的结果。

第五节 食品加工对蛋白质功能和营养价值的影响

食品加工会给食品带来一些有益的变化。比如对一些酶的灭活可防止氧化反应，对一些微生物的杀灭可提高食品的保存性，通过加工能给食品带来特殊的风味等。同时，加工储存也会给食品带来一些不良的影响。如蛋白质功能性质和营养性质的改变，食品品质、安全、卫生的降低等。

1. 热处理的影响

加热对食品的营养价值有其有利的一面。从营养观点来看，温和的热处理所引起的变化一般是有利的，例如热烫或蒸煮可使酶失活，酶失活能防止食品产生非需要的色泽、质地、风味的变化和纤维素含量的降低。植物蛋白中存在的大多数天然蛋白质毒素或抗营养因子都可通过加热使之变性或钝化。

但是过度热处理也会发生某些不利的影响。例如对蛋白质或蛋白质食品进行热处理时，会引起氨基酸的脱硫、脱二氧化碳、脱氨等反应而减低干重及含硫量等。

2. 低温处理的影响

食品的低温储藏可延缓或阻止微生物的生长并抑制酶的活性及化学反应速度。低温处理中的冷却，即将温度控制在稍高于冻结温度之上，此时蛋白质较稳定，微生物生长也受到抑制，对食品风味影响较小。低温处理中的冷冻及冻藏对食品的风味多少有些损害，但若控制得好，通常对蛋白质的营养价值无影响，对风味有些副作用。其中如肉类食品经冷冻、解冻，组织及细胞膜破坏，酶被释放出来。活性增加致使蛋白质分解，而且蛋白质间的不可逆结合，代替了水和蛋白质间的结合，使蛋白质的组织质地发生变化，保水性也降低。但冷冻对蛋白质的营养价值损失很少。

蛋白质在冷冻条件下的变性程度与冻结速度有关。一般说来，冻结速度越快，冰结晶越小，挤压作用也越小，变性程度就越小。食品工业根据此原理都采用快速冷冻法，以避免蛋白质变性，保持食品原有的风味。这就是食品工业上的速冻技术。

3. 脱水影响

食品脱水后质量减轻、水活度降低，对食品的保藏有利。但脱水给食品的品质会带来不利的影响，如表 5-3 所示。

表 5-3　脱水对蛋白质性质的影响

脱水方式	对蛋白质的影响
热风干燥	脱水后的肉类会变得坚硬、萎缩且回复性差,烹调后感觉坚韧而无其原来香味
真空干燥	因无氧气,所以氧化反应较慢,在低温下还可减少非酶褐变及其他化学反应
冷冻干燥	能保持原形及大小,具多孔性,回复性较好。经冷冻干燥的肉类,必需氨基酸含量及消比率与新鲜肉类的差异不大,部分蛋白质变质,内质坚韧,保水性差
喷雾干燥	这种方法对蛋白质损害较小
鼓膜干燥	往往不易控制而使产品产生焦煳味,蛋白质的溶解度也降低

4. 辐射影响

以辐射方法来保存食品已被许多国家采用。辐射首先使水分子游离成自由基（·OH 与·H）和水合自由电子，再与蛋白质作用发生脱氢、脱氨、脱二氧化碳反应而改变蛋白质性质。蛋白质的二级、三级、四级结构一般不会受影响。总的说来，一般剂量的辐射对氨基酸和蛋白质的营养价值影响不大。

在强辐射的情况下，水分子被裂解成羟自由基，羟自由基与蛋白质分子作用，导致蛋白质分子交联，从而使蛋白质功能性质改变。

5. 碱处理的影响

食品加工中热碱处理特别是强碱处理，会使蛋白质发生一些不良反应，如交联反应、消旋反应，蛋白质的营养价值严重下降，有时还会带来安全隐患。而将蛋白质改变使其具有或增强某种特殊功能如起泡、乳化或使溶液中的蛋白质连成纤维状，也依靠碱处理。碱处理的结果可能形成一些新的氨基酸。脱氨酸、赖氨酸和丝氨酸都可能参与这些变化，而含硫氨基酸与赖氨酸在许多食品中是限制氨基酸，故碱处理对蛋白质的营养价值有很大影响。

当加热超过 200℃ 或在碱性条件下进行热处理，会使氨基酸残基发生异构化，使氨基酸形成外消旋混合物。由于大多数 D-氨基酸不具有营养价值，因此必需氨基酸的外消旋反应将会使营养价值降低 50% 左右，此外，经剧烈热处理的蛋白质可形成环状衍生物，后者具有强烈的诱变作用。在碱性条件下，进行热处理可导致赖氨酰丙氨酸、鸟氨酰丙氨酸的形成以及在分子间或分子内形成共价交联。这些物质往往是一些不易消化或有毒性的物质。

第六节　酶

一、概述

自然界中的一切生命现象都与酶的活动有着必然联系。如果离开了酶，新陈代谢就不能进行，生命就会停止。自从人们发现酶的化学本质是蛋白质以来，已经知道生物体内存在着 8000 多种具有不同功能的酶。其中被纯化为结晶的酶已有几百种以上，并对其作用机制也有了深入的了解。

（一）酶的定义

酶是由生物活细胞产生的具有催化能力的蛋白质，只要不是处于变性状态，无论是在细胞内还是在细胞外都可发挥催化作用。目前在食品工业上应用的酶也都是蛋白质。有些酶仅当辅酶或辅基存在时才具有活力，辅酶或辅基就是酶的辅助因子。酶的辅助因子有的是结构很复杂的有机化合物，如维生素 B_{12}；有的是简单的无机离子，如 Fe^{2+}、Cu^{2+}、Zn^{2+}、Mn^{2+} 等。酶蛋白和辅助因子单独存在时，都没有催化活性，只有两者结合在一起，才能起到酶的催化作用。这种完整的酶分子叫做全酶，如乳酸脱氢酶、转氨酶。

（二）酶的催化作用特点

酶是生物催化剂。催化剂是一类能改变反应速率，但不改变反应性质、反应方向和反应平衡点，而且本身在反应后也不发生变化的外在因素。酶和一般的催化剂比较有其独特的性质。

1. 高效的催化性

酶是高效催化剂，能在温和条件下，例如常温、常压和近中性的 pH 条件下，大大加速反应。在可比较的情况下，酶的催化效率相对其他类型的催化剂而言，可使反应速率提高千百万倍以上。

2. 高度的专一性

用酶催化时，只能催化一种或一类反应，作用于一种或一类极为相似的物质，不同的反应需要不同的酶。酶的这种性质称为酶的专一性。被酶催化的物质称为该酶的底物或作用物。

此外，酶的活性还具有不稳定性。酶的作用要求一定的 pH、温度等较温和的条件，强酸、强碱、有机溶剂、重金属盐、高温、紫外线、剧烈振荡等任何使蛋白质变性的理化因素都可使酶变性而失去其催化活性。酶的催化活性受多方面控制，控制的方式很多，如抑制剂、共价修饰、反馈调节、酶原激活、激素控制等。以上这些特性中酶的高效性和专一性是最为突出的。

二、食品加工中的重要酶

（一）糖酶

糖酶的主要作用是把多糖降解成较小糖分子，便于糖转化成其他产物。糖酶主要有淀粉酶、果胶酶、纤维素酶、转化酶、乳糖酶等。

1. 淀粉酶

水解淀粉的酶通称为淀粉酶，包括 α-淀粉酶及 β-淀粉酶。α-淀粉酶是一种内切酶，它能随机水解淀粉链中的 α-1,4-糖苷键。因此，使直链淀粉的黏度很快降低，碘液染色迅速消失，而且由于生成还原基团而增加了还原力。α-淀粉酶以类似的方式还可攻击支链淀粉，因不能水解其中的 α-1,6-糖苷键，故最后使淀粉生成麦芽糖、葡萄糖与糊精。

β-淀粉酶是一种外切酶，即它只能攻击非还原性末端，以麦芽糖为单位一个一个地切下来。因为生成的麦芽糖能增加淀粉溶液的甜度，故 β-淀粉酶又称糖化酶。β-淀粉酶中的 β 表示能将淀粉中的 α-1,4-糖苷键转化成 β-麦芽糖。直链淀粉中偶尔出现的 1,3-糖苷键和支链淀粉中的 α-1,6-糖苷键不能被淀粉酶水解，反应就停止下来，剩下来的化合物称为极限糊精。若用脱支酶去水解这些键时，β-淀粉酶可继续作用。β-淀粉酶只存在于植物组织之中，如大麦芽、小麦、白薯和大豆中含量丰富。在水果成熟，马铃薯加工，玉米糖浆、玉米糖、啤酒和面包制作过程中淀粉酶是很重要的。

此外还有支链淀粉酶和异淀粉酶，它们能水解支链淀粉和糖原中的 α-1,6-D-葡萄糖苷键，生成直链的片段，若与 β-淀粉酶混合使用可生成含麦芽糖丰富的淀粉糖浆。

2. 葡萄糖淀粉酶

葡萄糖淀粉酶是一种外切酶，它不仅能水解 α-1,4-糖苷键，也能水解 α-1,6-糖苷键和 α-1,3-糖苷键。葡萄糖淀粉酶作用于淀粉时，从淀粉分子的非还原性末端依次切割下 α-1,4-糖苷键，将葡萄糖由 α 型转变成 β 型，水解到支点时，速度下降，但可以切割支点，使 α-1,6-糖苷键水解。因此，葡萄糖淀粉酶作用于直链淀粉或支链淀粉时，能将淀粉分子全部分解为葡萄糖，工业上大量用作淀粉糖化剂，习惯上称之为糖化酶。葡萄糖淀粉酶最适 pH4~5，最适温度 50~60℃。葡萄糖淀粉酶主要由根霉、黑曲霉、红曲霉等霉菌所产生，其主要用途是作为淀粉糖化剂，是淀粉工业转化的主要水解酶。与 α-淀粉酶一起广泛用于淀粉糖生产和发酵生产领域。在酒精、白酒发酵生产中代替酒曲，可提高糖化率。用于啤酒加工中，可生产低糖啤酒等。

3. 异淀粉酶

异淀粉酶产生于动物、植物及微生物中。但来源不同，名称不统一，彼此性质虽有所差别，但作用专一性都是水解支链淀粉或糖原的 α-1,6-糖苷键，生成长短不一的直链淀粉（糊精）。现在将这类酶统一叫做异淀粉酶。

异淀粉酶也是一种内切酶，从支链淀粉（或糖原）分子内部水解支点的 α-1,6-糖苷键。异淀粉酶单独使用，可水解支链淀粉生产直链淀粉。与其他淀粉酶配合使用，可以使淀粉糖化完全，应用范围更广。在酒精生产中，可降低残糖，提高出酒率。在啤酒生产中和 β-淀粉酶配合使用，可提高啤酒质量。异淀粉酶主要存在于马铃薯、豆科植物、酵母以及某些细菌和霉菌中。来源不同的异淀粉酶，其最适 pH 及最适温度都不同。金属离子对异淀粉酶的活性有影响，钙离子能提高异淀粉酶的稳定性。

（二）果胶酶

在高等植物的细胞壁和细胞间层中存在一些胶态聚合碳水化合物原果胶、果胶酯酸和果胶酸等。果胶酶就是水解这些物质的一类酶的总称。果胶酶广泛地分布于高等植物和微生物中，根据其作用底物的不同，可分为下述三种类型。

1. 果胶酯酶

果胶酯酶可以水解果胶脱去甲酯基，生成聚半乳糖醛酸苷链和甲醇。甲醇及其氧化成的甲醛和甲酸，都对人体有毒害作用，尤其甲醇对视神经危害最大，轻则视力模糊，重则引起失明，甚至中毒致死，因此水果霉烂后不宜食用。在果蔬的加工中，天然存在的果胶酯酶有保护果蔬质构的作用，若果蔬保藏不当，果胶酯酶在环境因素影响下被激活，导致大量的果胶脱去甲酯基，从而影响果蔬的质构。在葡萄酒、苹果酒等果酒的酿造中，由于果胶酯酶的作用，可能会引起酒中甲醇的含量超标，因此，果酒的酿造，应先预热处理水果，使果胶酯酶失活以控制酒中甲醇的含量。不同来源的果胶酯酶的最适 pH 不同，霉菌来源的果胶酯酶的最适 pH 在酸性范围，细菌来源的果胶酯酶在偏碱性范围，植物来源的果胶酯酶在中性附近。不同来源的果胶酯酶对热的稳定性也有差异。

2. 聚半乳糖醛酸酶

聚半乳糖醛酸酶是催化降解果胶和果胶酸中的 α-1,4-糖苷键的一类酶。聚半乳糖醛酸酶存在于多种水果、霉菌及某些细菌、酵母菌中。聚半乳糖醛酸酶来源不同，它们的最适 pH 也稍有不同，大多数聚半乳糖醛酸酶的最适 pH 在 4.0～6.0 之间。聚半乳糖醛酸酶的内切酶和外切酶对果蔬质构影响有差别，内切酶能很快地降低果胶液的黏度，而外切酶则较慢。低浓度的氯化钠和铜离子的存在能使聚半乳糖醛酸酶的活性增强。

3. 果胶裂解酶

果胶裂解酶是内切聚半乳糖醛酸裂解酶、外切聚半乳糖醛酸裂解酶和内切聚甲基半乳醛酸裂解酶的总称。它通过催化果胶或果胶酸的半乳糖醛酸残基的 C4 和 C5 上氢的反式消去作用，使果胶或果胶酸的糖苷键裂解，生成具有不饱和键的半乳糖醛酸，因此它属于裂合酶类。果胶裂解酶主要存在于霉菌中，在植物、动物中还没发现其存在。

果胶酶在食品工业中具有重要作用，例如：果胶酶可使果汁、果酒澄清，提高果汁产率；在橘子罐头加工中，采用果胶酶代替用酸碱法脱橘子囊衣，能减轻对罐壁的腐蚀，利于储存。但是，果胶酶也是导致许多水果、蔬菜成熟后过分软化而溃烂的原因。番茄酱和柑橘汁一类食品也常因果胶酶的作用，破坏了果胶物质所形成的胶体，使其黏度和浓度降低，影响了质量。所以加工后必须经热处理，使果胶酶失活。另外，在提取植物蛋白时常使用果胶酶以提高蛋白质的得率。总之，果胶酶在食品加工和保藏中应用越来越广。

（三）蛋白酶

凡是能催化蛋白质中肽键水解的一类酶统称为蛋白酶。蛋白酶是生物体系中含量较多、用途广、研究得比较深入的一类酶。蛋白酶的种类很多，有几种不同的分类方法。

按催化作用的方式可分为：内肽酶和外肽酶。

内肽酶是从多肽键内部随机地水解肽键，使之成为肽碎片和少量游离氨基酸。外肽酶是从多肽链的末端开始将肽键水解使氨基酸游离出来的酶。根据开始作用的肽链末端的不同，外肽酶又有氨肽酶和羧肽酶之分。前者是从肽链氨基末端开始水解肽键，所以叫氨肽酶；后者是从肽链羧基末端开始水解肽键的，所以叫羧肽酶。

按其作用的最适 pH 可分为酸性蛋白酶、碱性蛋白酶和中性蛋白酶。

按其活性中心的化学性质不同又可分为丝氨酸蛋白酶、巯基蛋白酶、金属蛋白酶。

按其来源可分为动物蛋白酶、植物蛋白酶和微生物蛋白酶。

1. 动物蛋白酶

在人和哺乳动物的消化道中存在有各种蛋白酶。如胃黏膜细胞分泌的胃蛋白酶，胰腺分泌的胰蛋白酶、弹性蛋白酶等，小肠黏膜能分泌氨肽酶、羧肽酶和二肽酶等，人体摄取的蛋白质就是在消化道中这些酶的综合作用下，被消化成氨基酸而被吸收的。胃蛋白酶、胰蛋白酶都分别由其前体——酶原激活而成。在体内这几种酶能有效地协同作用，先由几种内肽酶将蛋白质切成许多碎片，再由外肽酶、二肽酶水解成氨基酸。这几种动物蛋白酶在食品工业上应用较少，主要应用于医药上生产蛋白水解物。

凝乳酶来源于犊牛的第四胃中，也是内肽酶，其专一性类似于胃蛋白酶，主要用于干酪制造。此外，在动物体各组织细胞的溶酶体中，存在着一种组织蛋白酶，这种组织蛋白酶是一种巯基酶。当动物死亡后，随着 pH 降低和组织破坏，组织蛋白酶激活将肌肉蛋白质水解成多肽碎片和氨基酸，使肉产生良好的风味，肉则变得成熟。

动物蛋白酶由于来源少，价格昂贵，所以在食品工业中主要是利用植物蛋白酶，尤其是微生物蛋白酶。

2. 植物蛋白酶

在食品工业中应用最多的植物蛋白酶有木瓜蛋白酶、无花果蛋白酶和菠萝蛋白酶。

（1）木瓜蛋白酶　木瓜蛋白酶是番木瓜胶乳中的一种巯基蛋白酶。最适 pH 通常在 5～7，在 pH 为 5 时稳定性最好，当 pH<3 或>11 时酶会失活。与其他蛋白酶比较，热稳定性较高。

（2）无花果蛋白酶　无花果蛋白酶存在于无花果胶乳中，新鲜的无花果中含量可高达 1% 左右，在 pH6～8 时较稳定，其最适 pH 取决于所作用的底物。

(3) 菠萝蛋白酶　菠萝蛋白酶可从菠萝的果汁和粉碎的茎中提取，最适 pH 6～8。

上述三种植物蛋白酶在食品工业上常用于肉的嫩化和啤酒的澄清，特别是木瓜蛋白酶，在古老的民间就有用木瓜叶包肉，使肉更鲜美更香的记载，但木瓜蛋白酶则更多地应用于医药上，作为助消化剂。由于这些植物蛋白酶对底物的专一性都较宽，人的皮肤与之接触易受腐蚀，因此操作时应多加小心。

3. 微生物蛋白酶

在芽孢杆菌、曲霉、根霉、链霉菌、酵母菌中，都含有微生物蛋白酶。这些微生物是蛋白酶制剂的重要来源。我国生产试制的蛋白酶主要有枯草杆菌 1398 中性蛋白酶，栖土曲霉 3942 中性蛋白酶，地衣芽孢杆菌 2709 碱性蛋白酶等。微生物蛋白酶应用于食品或药物的菌种，必须经过严格选择，限于枯草杆菌、黑曲霉和米曲霉三种。

微生物蛋白酶在食品工业中的用途十分广泛。例如在面包、饼干制作中添加微生物蛋白酶，可以改善面包、饼干的质量。微生物蛋白酶常代替价格昂贵的木瓜蛋白酶用于肉类的嫩化。微生物蛋白酶还被用于啤酒制造，以节约麦芽用量，在酱油的酿制中添加微生物蛋白酶，既能提高产量，又可改善质量。将微生物碱性蛋白酶添加到洗涤剂中，制成加酶洗涤剂，以增强除去蛋白质类污迹的效果。

（四）脂肪酶

脂肪酶存在于含有脂肪的组织中，人和动物的消化液中，以及植物的种子里。许多微生物如根霉、黑曲霉、白地霉中也能分泌脂肪酶。脂肪酶能将脂肪催化水解为甘油和脂肪酸。

脂肪酶的最适 pH 一般偏碱性在 8～9，也有部分脂肪酶的最适 pH 偏酸性。微生物分泌的脂肪酶最适 pH 在 5.6～8.5。脂肪酶的最适温度一般在 30～40℃。也有某些食物中脂肪酶在冷冻到 -29℃时仍有活性。盐的存在对脂肪酶的作用有一定影响，对脂肪具有乳化作用的胆酸盐能提高酶活性，重金属盐一般具有抑制脂肪酶的作用。Ca^{2+} 的存在能提高脂肪酶活性及热稳定性。

脂肪酶对三酰甘油酯的酯键位置具有专一性，首先选择 1,3 位酯键，生成二酸甘油酯和单酸甘油酯，再将第 2 位的酯键在非酶异构后转移到第 1 位或第 3 位，然后经脂肪酶作用完全水解成甘油和脂肪酸。

脂肪酶的另一种重要特征是它们只能在两相体系的界面上作用，即在油脂-水的界面上作用，对水溶性的底物不作用，或作用极缓慢。乳化剂能增加底物-水界面的面积，所以，在脂肪中加入乳化剂能提高脂肪酶的催化活性。

脂肪酶不仅在生物体内有催化脂类物质代谢的重要生理功能，在食品工业中也有重要作用，在许多含脂食品如牛奶、干酪、干果的加工中利用脂肪酶作用后释放一些短链的游离脂肪酸（丁酸、己酸等），当它们浓度低于一定水平时，会产生良好的风味和香气。

（五）多酚氧化酶

多酚氧化酶广泛存在于各种植物和微生物中。在果蔬类食物中，多酚氧化酶分布于叶绿体和线粒体中，但也有少数植物，如马铃薯块茎，几乎所有细胞结构都有分布。

多酚氧化酶的最适 pH 常常随着酶的来源不同或底物之不同而有差别，但一般在 pH 4～7 范围之内。同样，不同来源的多酚氧化酶的最适温度也有不同，一般多在 20～35℃ 之间。在大多数情况下从细胞中提取的多酚氧化酶在 70～90℃ 下热处理短时就可发生不可逆变性。低温也影响多酚氧化酶活性。较低温度可使酶失活，但这种酶的失活是可逆的。

多酚氧化酶是一种含铜的酶，主要在有氧的情况下催化酚类底物反应形成黑色素类物质。在果蔬加工中常常因此而产生不受欢迎的褐色或黑色，严重影响果蔬的感官质量。多酚氧化酶催化的褐变反应多数发生在新鲜的水果和蔬菜中，例如香蕉、苹果、梨、茄子、马铃薯等。当这些果蔬的组织碰伤、切开、遭受病害或处在不正常的环境中时，很容易发生褐变。这是因为当它们的组织暴露在空气中时，在酶的催化下多酚氧化为邻醌，再进一步氧化聚合而形成褐色素或称类黑精。

阳离子洗涤剂、Ca^{2+} 等能活化多酚氧化酶。抗坏血酸、二氧化硫、亚硫酸盐、柠檬酸等都对多酚氧化酶有抑制作用，苯甲酸、肉桂酸等有竞争性抑制作用。

红茶加工是多酚氧化酶在食品加工中得以利用的例子之一。在红茶发酵时，新鲜茶叶中多酚氧化酶的活性增大，儿茶素在酶的作用下，生成茶黄素和茶红素等有色物质，这些有色物质是红茶水色的主要成分。

第七节　蛋白质新资源

蛋白质是食品的重要营养物质，是人体生长代谢的重要物质。但是随着世界人口的不断增长，现有的蛋白质资源越来越不能满足人们生活需要。这就需要食品工业不断探索新的、经济的蛋白质资源。如单细胞蛋白、叶蛋白和浓缩鱼蛋白等。

1. 单细胞蛋白

单细胞蛋白是以玉米淀粉为原料，用生物工程技术培养微生物制成的蛋白质，它具有生长速率快、易控制和产量高等优点，是蛋白质良好的来源。

酵母是早就被人们用来食用的食品。其中的产阮假丝酵母，常用木材水解液或亚硫酸废液培养。蛋白质占这种酵母干重的 53%，但缺乏含硫氨基酸，为了达到期望的生物价，通常添加一定量的甲硫氨酸。但切忌使用过量。

细菌也可用来食用，如丝菌属、杆菌属、假单胞菌属等均已被用来生产蛋白质。

藻类多年来一直被认为是可利用的蛋白质资源，尤以小球藻、螺旋藻在食用方面的研究很多。其蛋白质含量各为其干重的50%及60%。藻类蛋白含必需氨基酸丰富，尤以酪氨酸及丝氨酸较多，但含硫氨酸较少。以藻类作为人类蛋白质食品来源有以下两个缺点：日食量超过100g时有恶心、呕吐、腹痛等现象；细胞壁不易破坏，影响消化率（仅约60%～70%）。若能除去其中色素成分，并以干燥或酶解法破坏其细胞壁，则可提高其消化率。

蘑菇是人类食用最广的一种真菌，但蛋白质只占鲜重的4%，干重也不超过27%。最常培养的洋菇所含蛋白质是不完全蛋白。常用的霉菌主要利用于发酵食品，使产品具有特殊的质地及风味。有人主张用无机氮和碳水化合物废弃物对真菌菌丝进行液体培养来生产蛋白质，真菌培养中产生的毒素问题是制约其发展的瓶颈。

2. 叶蛋白

叶片是植物进行光合作用的场所，也是合成蛋白质的场所，是一种丰富的蛋白质资源。许多禾谷类及豆类（谷物、大豆、甘蔗）作物的绿色部分含80%的水和2%～4%的蛋白质。取新鲜叶片切碎、研磨经压榨后所得的绿色汁液中含10%的固形物，40%～60%粗蛋白，而且不含纤维素，这些粗蛋白包括与叶绿体连接的不溶性蛋白和可溶性蛋白等。设法除去其中低分子量的生长抑制因素，将汁液加热到90℃即可形成蛋白凝块，经冲洗及干燥后的凝块约含60%蛋白质、10%脂类、10%矿物质以及各种色素与维生素。因为它们能增加禽类的皮肉部和蛋黄的色泽，所以已作为商品饲料。能改善患蛋白质缺乏症的儿童的营养。叶蛋白的一个缺点就是适口性不佳，往往不为一般人接受。但若作为添加剂将叶蛋白加于谷物食品中，将会提高人们对叶蛋白的接受性，且能补充谷物中赖氨酸的不足。

3. 浓缩鱼蛋白

鱼蛋白不仅能为人所食用，也可作为动物的饲料。通常它的生产过程是先将生鱼磨粉，再以有机溶剂抽提，并除去脂肪与水分，以蒸汽赶走有机溶剂，剩下的即为蛋白质粗粉，再磨成适当的颗粒即成无臭、无味的浓缩鱼蛋白。其蛋白质含量可达75%以上。而去骨、去内脏的鱼做成的浓缩鱼蛋白，其蛋白质含量在93%以上。浓缩鱼蛋白的氨基酸组成与鸡蛋、酪蛋白略相同。这种蛋白的优点是营养价值高，缺点是溶解度、分散性、吸湿性差等不适于食品加工。

复　习　题

1. 蛋白质的空间结构主要有哪些？
2. 蛋白质主要的分类方式是什么？
3. 蛋白质的化学性质主要有哪些？
4. 影响蛋白质变性的因素主要是什么？

5. 如何使鸡蛋里面的蛋白质沉淀出来？

6. 什么是蛋白质性质？蛋白质都有哪些性质？

7. 在食品加工中蛋白质会发生什么变化？

8. 酶有哪些性质和基本特点？

9. 结合生活实际谈谈蛋白质性质的应用。

第六章 维 生 素

第一节 概 述

维生素是一类有不同化学结构和生理功能，维持生命活动所必需的，人体不能生物合成的微量天然小分子有机化合物的总称，也被称为维他命，译自英文vitamin。是由波兰的科学家丰克为其命名，并称为"维持生命的营养素"。它是人类必需的六大营养元素之一，目前发现的有20多种。

维生素共同点：不构成有机体组织的原料；不能为有机体提供热量；只需少量即可满足机体生理需要；人体不能合成或合成量过少（维生素D例外），大多必须从外源食物中获得；多以本体形式或可被机体利用的前体形式存在于天然的食物中；维生素具有特异性。

由于化学结构不同，各种维生素的生理功能和活性也不同。根据维生素性能和特点，按照溶解性的不同，可将维生素分为脂溶性维生素和水溶性维生素两大类。

（1）脂溶性维生素 主要包括维生素A、维生素D、维生素E、维生素K。它们能溶于有机溶剂，却不溶于水，需要在脂溶性环境下易吸收，摄入后大部分储存在脂肪组织中；缺乏时症状表现缓慢，不容易受光、热、氧气的破坏。

（2）水溶性维生素 主要包括B族维生素和C族维生素。其易溶于水，不溶于脂肪，在水溶性环境中易于吸收；在体内仅有少量的储存，多余随尿排除，一般不会产生蓄积；缺乏时症状表现较快，容易受到光、热、氧气的破坏，在烹调加工过程中损失较多。

主要维生素的种类、功能和来源如表6-1所示。

表6-1 主要维生素的种类、功能和来源

分类		缩 写	俗 称	生 理 功 用	主要来源
水溶性维生素	B族维生素	V_{B1}	硫胺素	预防脚气病、抗神经炎	酵母、肝、胚芽
		V_{B2}	核黄素	预防唇、舌发炎	酵母、肝
		V_{PP}	烟酸、尼克酸	预防癞皮病，形成辅酶Ⅰ、Ⅱ的成分	酵母、肝、米糠、谷类
		V_{B6}	盐酸吡哆辛	治疗湿疹、皮疹、恶心呕吐、口唇炎	小麦、豆类、肝、鱼
		V_{B11}	叶酸	预防恶性贫血	肝、叶片
		V_{B12}	钴胺素	预防恶性贫血	肝
		V_H	生物素	预防皮肤病，促进脂代谢	酵母、肝

续表

分类		缩　写	俗　　称	生　理　功　用	主要来源
水溶性维生素	C族维生素	V_C	抗坏血酸	预防及治疗坏血病、促进细胞生长	蔬菜、水果
		V_P	渗透性维生素、柠檬素	增加毛细血管抵抗力,维持正常透过性	柠檬、芸香
脂溶性维生素		$V_A(A_1,A_2)$	视黄醇、抗干眼性维生素	预防细胞角质化、替代视觉细胞感光物质	鱼肝油、绿色蔬菜
		V_D	骨化醇、抗佝偻病维生素	调整钙、磷吸收和代谢,预防佝偻病	鱼肝油、奶油
		V_E	生育酚、生育维生素	预防不育症	谷类胚芽及胚芽油
		$V_K(K_1,K_2,K_3)$	止血维生素	促进血液凝固	肝、菠菜

本章主要讨论各种维生素的化学性质和检测方法,以及在食品加工、储藏过程中导致维生素损失的基本原因。

第二节　脂溶性维生素

一、维生素A

(一) 结构及化学性质

维生素 A 是具有其活性的包括一系列 20 个碳和 40 个碳的不饱和碳氢化合物。它们广泛分布于动植物体中,其主要物质结构如图 6-1 所示。

维生素 A 中的醇羟基既可氧化成醛和酸,又可与脂肪酸结合成酯。在所有食物中动物肝脏的维生素 A 含量最高,通常以醇或酯的状态存在。植物和真菌中,通常以具有维生素 A 活性的类胡萝卜素形式存在,类胡萝卜素在吸收后经过代谢转变为维生素 A。但在近 600 种已知的类胡萝卜素中有 50 种可作为维生素 A 源。其中最有效的维生素 A 前体是 β-胡萝卜素,经水解可生成两个维生素 A 分子。

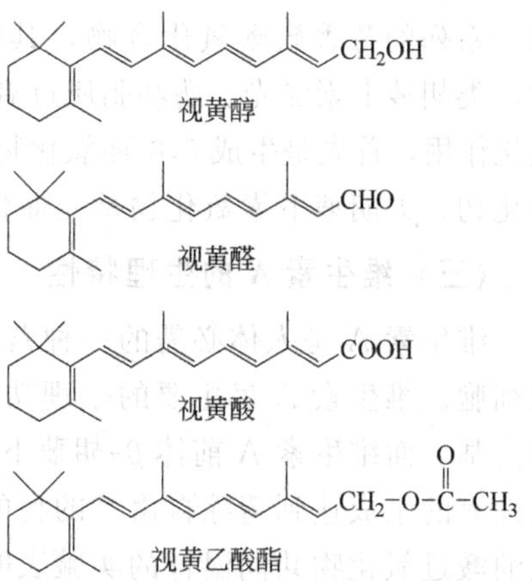

(二) 稳定性

天然存在的类胡萝卜素以全反式构象为主,当食品原料热处理时则转变为顺式构象,也就失去了维生素 A 活性。类胡萝卜素的这种异构化在不适当的储藏条件下也常发生。HPLC(高效液相色谱)分析表明,在许多

图 6-1　常见类视黄素结构

食品中类视黄醇和类胡萝卜素含有全反式和顺式异构体（表 6-2），水果和蔬菜的罐装也会造成显著异构化和维生素 A 活性的丧失。此外，氧化和酸化作用，也会使类视黄醇和类胡萝卜素空间结构发生改变，活性丧失。

表 6-2　某些果蔬罐装加工时的 β-胡萝卜素分布

产品	状态	所占总量的百分比/%		
		13-顺	反　式	9-顺
红薯	新鲜	0.0	100.0	0.0
	罐装	15.7	75.4	8.9
胡萝卜	新鲜	0.0	100.0	0.0
	罐装	19.1	72.8	8.1
菠菜	新鲜	8.8	80.4	10.8
	罐装	15.3	58.4	26.3
南瓜	新鲜	15.3	75.0	9.7
	罐装	22.0	66.6	11.4
羽衣甘蓝	新鲜	16.3	71.8	11.7
	罐装	26.6	46.0	27.4
腌黄瓜	巴氏杀菌	7.3	72.9	19.8
黄瓜	新鲜	10.5	74.9	14.5
番茄	新鲜	0.0	100.0	0.0
	罐装	38.8	53.0	8.2
桃	新鲜	9.4	83.7	6.9
	罐装	6.8	79.9	13.3
杏	脱水	9.9	75.9	14.2
	罐装	17.7	65.1	17.2
油桃	新鲜	13.5	76.6	10

食品在加工过程中，维生素 A 前体的破坏随反应条件的不同而引起不同的反应（图 6-2）。在缺氧条件下，厌氧灭菌造成的维生素活性的总损失为 5%～6%，损失的程度主要取决于温度、时间和类胡萝卜素的性质。高温时，β-胡萝卜素分解成一系列的芳香族碳氢化合物，其中最主要的分解产物是紫多烯。假如还有氧存在，类胡萝卜素受光、酶和脂质过氧化氢的氧化作用而严重损失。β-胡萝卜素发生的氧化作用，首先是生成 5,6-环氧化物，然后异构化为 β-胡萝卜素氧化物，即 5,8-环氧化物。β-胡萝卜素氧化物是光催化氧化反应的主要产物。

（三）维生素 A 的生理特性

维生素 A 是人体必需的一种营养素，它以不同方式几乎影响机体内的一切组织细胞。维生素 A 最主要的生理功能是维持视觉，促进生长；增强生殖力和清除自由基。而维生素 A 前体 β-胡萝卜素有很好的抗氧化作用，能通过提供电子抑制活性氧的生成达到清除自由基的目的。但是在高氧分压时则显示助氧化作用。它与亚油酸过氧化物共同温育的实验表明，β-胡萝卜素能有效地保护小鼠对抗血卟啉的致死性光敏作用，而血卟啉的光敏作用就是自由基攻击表皮溶酶体膜。另有研究表

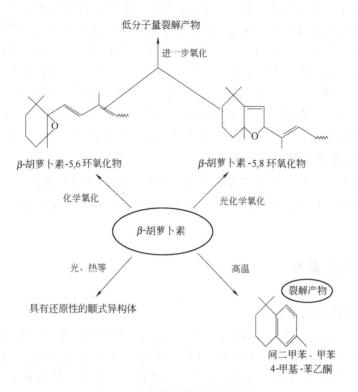

图 6-2　β-胡萝卜素的裂解过程

明，β-胡萝卜素不仅能清除游离态氧以减少光敏氧化作用，而且还是单线态氧的猝灭剂。由于 β-胡萝卜素的自由基清除作用，使得它在延缓衰老、防止心血管疾病和肿瘤方面发挥作用，这已被部分研究和临床实验所证实。

二、维生素 D

（一）结构和化学性质

维生素 D 是甾醇类衍生物，虽然许多甾醇类化合物已鉴定出具有维生素 D 活性，但在食物中表现活性的只有麦角钙化甾醇（维生素 D_2）和胆钙化甾醇（维生素 D_3）（图 6-3）。

人的皮肤在日光下暴露可生成维生素 D_3，这是因为麦角固醇和 7-脱氢胆固醇经紫外辐射，在人体中可产生维生素 D_2 和维生素 D_3。而 7-脱氢

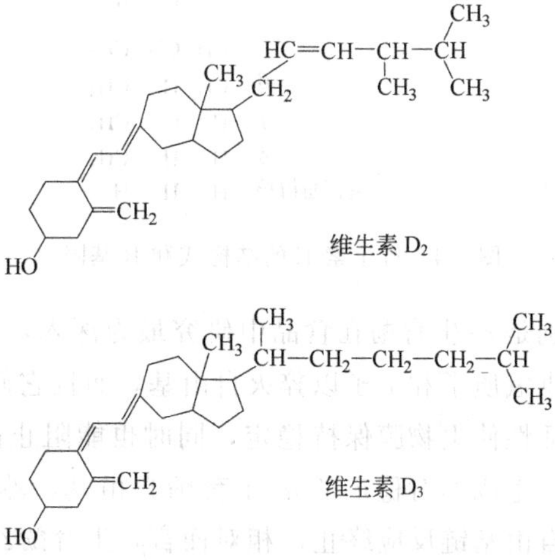

维生素 D_2

维生素 D_3

图 6-3　维生素 D 结构示意图

胆固醇在人体的皮肤中就有相当的含量，但脱氢胆固醇需经光化学修饰和非酶异构化作用才能在人体内合成。因此，膳食中维生素D的需求量与受光照的程度有关。生命体中维生素D_2和维生素D_3有几种羟基取代保护物，胆钙化甾醇的1,25-二羟基衍生物是具有生理活性维生素D_3的主要形式。肉类与乳制品富含维生素D_3及其25-羟基衍生物，7-脱氢胆固醇在鱼、蛋黄、奶油中含量比较丰富，尤其是海产鱼肝油中含量特别丰富。维生素D是脂溶性物质，对氧和光敏感。但一般在加工过程中不会引起维生素D的损失。而油脂氧化酸败可引起维生素D的破坏。

（二）维生素D的生理功能

维生素D的生理功能主要是促进钙、磷的吸收，维持正常血钙水平和磷酸盐水平；促进骨骼和牙齿的生长发育；维持血液中正常的氨基酸浓度；调节柠檬酸的代谢。

三、维生素E

（一）结构与化学性质

维生素E是指自然界具有其活性的不同结构生育酚和生育三烯酚。根据分子环上甲基（—CH_3）的数量和位置不同，又将它们分为α-生育酚、β-生育酚、γ-生育酚、δ-生育酚、α-生育三烯酚、β-生育三烯酚、γ-生育三烯酚和δ-生育三烯酚。

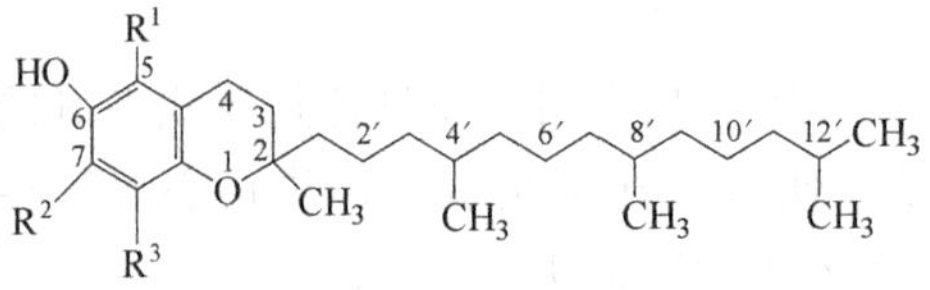

	R^1	R^2	R^3
α	CH_3	CH_3	CH_3
β	CH_3	H	CH_3
γ	H	CH_3	CH_3
δ	H	H	CH_3
生育酚母核	H	H	H

图6-4 维生素E的结构式和R基团

α-生育酚具有最高维生素E活性，其他生育酚则只具有α-生育酚的$1\%\sim50\%$的生物活性。α-生育酚为多异戊间二烯衍生物（苯并二氢吡喃醇核），其分子中含有饱和C_{16}侧链（叶绿基），不对称中心在2,4′和8′位置上，甲基可以被不同的R^1，R^2，R^3取代（结构式如图6-4所示）。

自然界中D-α-生育酚，具有2D、4′D和8′D三种构型，许多对映立体异构体可由化学合成得到。维生素E特别是α-生育酚在食品中研究最为深入，因为它们是优良的天然抗氧化剂。能够提供氢质子和电子以猝灭自由基，而且它们是所有生物膜的天然成分，通过其抗氧化活性使生物膜保持稳定，同时也能阻止高不饱和脂肪酸氧化，与过氧自由基反应，生成相对稳定的α-生育酚自由基，然后通过自身聚合生成二聚体或三聚体，使自由基链反应终止。相对而言，生育酚乙酯因其酚羟基被酯化而不再具有抗氧化活性，但是在体内其酯链被酶切断后，又恢复了抗氧化活性。

（二）稳定性

维生素 E 在无氧和无氧化脂质存在时显示良好的稳定性，罐装加工对维生素 E 活性影响很小，分子氧使维生素 E 降解加速，当有过氧自由基和氢过氧化物存在时维生素 E 失活更快。食品在加工、储藏和包装过程中，一般都会造成维生素 E 的大量损失，在谷物加工过程中，机械加工和氧化作用能导致维生素 E 活性的损失。如将小麦磨成面粉及加工玉米、燕麦和大米时，维生素 E 损失约 80%。在分离、除脂或脱水等加工步骤中，以及油脂精炼和氧化过程中也能造成维生素 E 损失。如脱水可使鸡肉和牛肉中 α-生育酚损失 36%～45%，但猪肉中却损失很少或不损失。制作罐头导致肉和蔬菜中生育酚量损失 41%～65%，炒坚果破坏 50%，食物经油炸损失 32%～70% 的维生素 E。然而通常家庭烘炒或水煮不会大量损失。氧化损失通常伴随着脂肪氧化，其原因可能是由于食品在加工过程中使用了化学药剂，如加入苯甲酰基过氧化物或过氧化氢所造成的维生素 E 的损失；脱水食品是极易对维生素 E 造成破坏的，其机理同维生素 A 所述。生育酚被氧化后其产物有二聚物、三聚物和二羟基化合物及醌类。

（三）维生素 E 的生理功能

维生素 E 是生命有机体的一种重要的自由基清除剂，具有较强的抗氧化活性，能有效地阻止食物和消化道内脂肪酸酸败，保护细胞免受不饱和脂肪酸氧化产生毒性物质的伤害，同硒能产生协同效应，并可部分代替硒的功能。同样硒也能够治疗维生素 E 的某些缺乏症。此外还能提高机体的免疫能力，保持血红细胞的完整性，调节体内化合物的合成，促进细胞呼吸，保护肺组织免遭空气污染。

四、维生素 K

维生素 K 是脂溶性萘醌类的衍生物。天然的维生素 K 有两种形式，维生素 K_1（叶绿醌或叶绿基甲基萘醌）仅存在于绿色植物中，如菠菜、甘蓝、花椰菜和卷心菜等叶菜中含量较多，维生素 K_2（甲基萘醌或聚异戊烯甲基萘醌），由许多微生物包括人和其他动物肠道中的细菌合成。此外还有几种人工合成的化合物具有维生素 K 活性，其中最重要的是 2-甲基 1,4-萘醌，又称为维生素 K_3，其活性是维生素 K_1 和维生素 K_2 的 2～3 倍。图 6-5 是它们的结构式，统称为维生素 K。

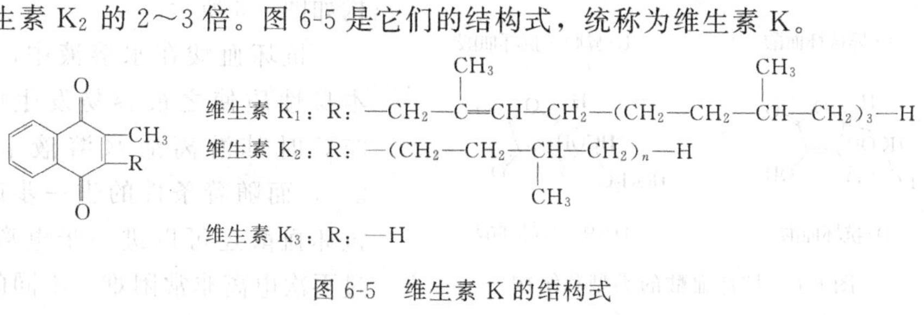

维生素 K_1：R：$-CH_2-\overset{\underset{\displaystyle CH_3}{|}}{C}=CH-CH_2-(CH_2-CH_2-\overset{\underset{\displaystyle CH_3}{|}}{CH}-CH_2)_3-H$

维生素 K_2：R：$-(CH_2-CH_2-\overset{\underset{\displaystyle CH_3}{|}}{CH}-CH_2)_n-H$

维生素 K_3：R：$-H$

图 6-5　维生素 K 的结构式

天然存在的维生素 K 是黄色油状物，人工合成的是黄色结晶。所有 K 类维生素都抗热和水，但易受酸、碱、氧化剂和光（特别是紫外线）的破坏。由于天然维生素 K 相对稳定，又不溶于水，在正常的烹调过程中损失很少。然而人工合成的维生素 K 溶于水。关于维生素 K 在食品中的作用机理尚不太清楚，仅知它具有光反应活性。维生素 K 存在于绿色蔬菜中，并能由肠道中的细菌合成，所以人体很少有缺乏的。它的生理功能主要是有助于某些凝血因子的产生，故又称为凝血因子。

第三节 水溶性维生素

一、抗坏血酸

（一）结构和化学性质

维生素 C，又称抗坏血酸，是一种十分重要的生物活性物质。它有四种异构体，D-抗坏血酸、D-异抗坏血酸、L-抗坏血酸、L-异抗坏血酸。L-抗坏血酸是高度水溶性化合物，极性很强，具有酸性和强还原性。抗坏血酸主要以还原型的 L-抗坏血酸存在于水果和蔬菜中，在动物组织和动物加工产品中含量较少。抗坏血酸的双电子氧化和氢离子的解离反应，使之转变为 L-脱氢抗坏血酸（DHAA），DHAA 在体内可以完全还原为抗坏血酸，因此，具有与抗坏血酸相同的生物活性。

L-异抗坏血酸具有与 L-抗坏血酸相似的化学性质，但不具有维生素 C 的活性。L-异抗坏血酸和 L-抗坏血酸在食品中广泛作为抗氧化剂使用，抑制水果和蔬菜的酶促褐变。自然界存在的抗坏血酸主要是 L-异构体，而 D-异构体的含量很少。抗坏血酸的类型和结构如图 6-6 所示。

抗坏血酸在水溶液中，由于本身性质使之很容易发生电离，25℃时其游离酸水溶液 pH 为 2.5，而随着条件的进一步改变，抗坏血酸还可以进一步电离，不过再次电离非常困难。不同的 pH

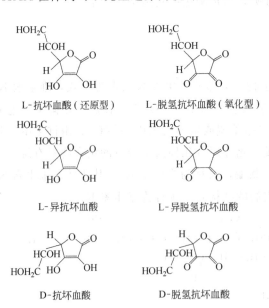

图 6-6 抗坏血酸的类型和结构

条件下抗坏血酸能吸收不同波长的紫外线如表 6-3 所示。

表 6-3　抗坏血酸在不同 pH 条件下的紫外线吸收

pH	最大吸收光波长/nm
2	244
6～10	266
>10	296

（二）稳定性

维生素 C 极易受温度、盐和糖的浓度、pH、氧、酶、金属催化剂特别是 Cu^{2+} 和 Fe^{3+}、水分、抗坏血酸的初始浓度以及抗坏血酸与脱氢抗坏血酸的比例等因素的影响而发生降解。纯的维生素 C 为无色的固体，在干燥条件下比较稳定，但在受潮、加热或光照时不稳定；它在 pH<4 中较稳定，但在 pH>7.6 的溶液中非常不稳定；同时植物组织中存在的抗坏血酸氧化酶也可以破坏它。在缺氧条件下抗坏血酸的降解情况不显著，在有氧条件下，抗坏血酸（AH_2）首先形成单价阴离子（AH^-），进一步降解成脱氢抗坏血酸（A）。在这一过程中，当有金属催化剂如 Cu^{2+} 和 Fe^{3+} 存在时，抗坏血酸的降解速度比自发氧化要快许多倍。

（三）加工的影响

抗坏血酸具有强的还原性，因而在食品中是一种常用的抗氧化剂，被广泛作为食品添加剂使用，例如利用抗坏血酸的还原性使邻醌类化合物还原，从而有效抑制酶促褐变而作为面包中的改良剂。由于抗坏血酸具有较强的抗氧化活性，常用于保护叶酸等易被氧化的物质。但因抗坏血酸对热、pH 和氧敏感而且易溶于水，很易通过扩散或渗透过程从食品的切口或破损表面渗析出来，在热加工过程中造成损失。增大表面积、水流速和升高水温均可使食品中的抗坏血酸的损失大为增加，然而在加工食品中，造成抗坏血酸最严重损失的还是化学降解。富含抗坏血酸的食品，例如水果制品，通常由于非酶褐变引起维生素的损失和颜色变化，所以在食品加工过程中，用含量来估计抗坏血酸的浓度来作为食品加工的指标是不可靠的。在罐装果汁食品中，抗坏血酸的损失是通过连续的一级反应进行的，初始反应速率依赖于氧，反应直到有效氧消耗完，然后接着进行厌氧降解。在脱水橙汁中，抗坏血酸降解是温度和水分

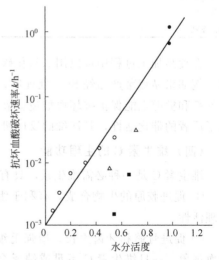

图 6-7　水分活度与抗坏血酸
破坏速率的关系

○橙汁晶体；●蔗糖溶液；
△玉米，大豆乳混合物；■面粉

含量的函数。水分活度对食品中抗坏血酸稳定性的关系（图 6-7）。

水分活度非常低时，食品中的抗坏血酸仍可发生降解，只是反应速率非常缓慢，以致在长期储藏过程中，也不会导致抗坏血酸过多损失。各种食品和饮料中的维生素 C 的稳定性数据见表 6-4。抗坏血酸的稳定性随温度降低而大大提高，但是少数研究表明，在制冷或冷冻储藏过程中，会加速其损失。当冷冻储藏温度低于 -18℃ 时，最终亦会导致严重损失。食品在加热时浸提，其抗坏血酸损失远比其他加工步骤带来的损失大，这一观察结果，亦可类推于大多数水溶性营养素。

表 6-4 23℃ 储藏 12 个月后强化食品和饮料中抗坏血酸的稳定性

产 品	样 本 数	保留率/%	
		平 均	数 量
可可粉	3	97	80～100
干豆粉	1	81	—
土豆片	3	85	73～92
全脂奶粉(空气包装)	2	75	65～84
全脂奶粉(充气包装)	1	93	—
方便米饭	4	71	60～87
干果汁饮料混合物	3	94	91～97
番茄汁	4	80	64～93
菠萝汁	2	78	74～82
葡萄汁	5	81	73～86
红莓汁	2	81	78～83
苹果汁	5	68	58～76
葡萄饮料	3	76	65～94
橙饮料	5	80	75～83
浓炼乳	4	75	70～82

在食品加工过程中可以用二氧化硫（SO_2）处理食品原料来减少抗坏血酸的损失，例如果品蔬菜产品经 SO_2 处理后，可减少在加工储藏过程中抗坏血酸的损失。此外糖和糖醇也能保护抗坏血酸免受氧化降解，这可能是它们结合金属离子从而降低了后者的催化活性，其详细的反应机理有待进一步研究。

（四）维生素 C 的生理功能

维生素 C 是一种必需维生素，具有以下较强的生理功能。

① 促进胶原的生物合成，有利于组织创伤的愈合，这是维生素 C 最被公认的生理活性。

② 促进骨骼和牙齿生长，增强毛细血管壁的强度，避免骨骼和牙齿周围出现渗血现象。一旦维生素 C 不足或缺乏会导致骨胶原合成受阻，使得骨基质出现缺陷，骨骼钙化时钙和磷的保持能力下降，结果出现全身性骨骼结构的脆弱松散。因此，维生素 C 对于骨骼的钙化和健全是非常重要的。

③ 促进酪氨酸和色氨酸的代谢，加速蛋白质或肽类的脱氨基代谢作用。

④ 影响脂肪和类脂的代谢。

⑤ 改善对铁、钙和叶酸的利用。

⑥ 作为一种自由基清除剂。

⑦ 增加机体对外界环境的应激能力。

二、硫胺素

（一）硫胺素的化学结构

硫胺素（Thiamin）又称维生素 B_1，它由一个嘧啶分子和一个噻唑分子通过一个亚甲基连接而成，它广泛分布于植物和动物体中。硫胺素的主要功能形式是焦磷酸硫胺素，即硫胺素焦磷酸酯，然而各种结构式的硫胺素都具有维生素 B_1 活性。

硫胺素因为含有一个季氮原子，故具有强碱性，在食品的整个正常 pH 范围内，都是完全离子化的。此外嘧啶环上的氨基亦可因 pH 不同而有不同程度离解，当嘧啶环 N^1 位上质子电离（$pK_{a1}=4.8$）生成硫胺素游离碱。在室温和 pH5 时，硫胺素的半衰期为 2min，在 pH7 时，交换反应进行极快，以至用常规技术亦无法跟踪。在碱性范围内，硫胺素游离碱再失去一个质子（表观 $pK_a=9.2$）生成硫胺素假碱。

（二）稳定性

硫胺素是所有维生素中最不稳定的一种。其稳定性易受 pH、温度、离子强度、缓冲液以及其他反应物的影响。由于几种降解机制同时存在，因此，许多食品中硫胺素的热降解损失随温度的变化关系不遵从阿伦尼乌斯（Arrhenius）方程。

在低水分活度和室温时，硫胺素相当稳定。例如早餐谷物制品在水分活度为 0.1～0.65 和 37℃ 以下储存时，硫胺素的损失几乎为零。在 45℃ 时反应加速。当 $A_w \geq 0.4$ 时，硫胺素的降解更快，在 A_w 为 0.5～0.6 时，其降解达到最大值（图 6-8），然后水分活度继续增加至 0.85 时，硫胺素降解速率下降。亚硝酸盐也能使硫胺素失活，其原因可能是 NO_2 与嘧啶环上的氨基发生反应。

人们很早就注意到，在肉制品中添加亚硝酸或亚硝酸盐后，硫胺素的失活比在缓冲液中微弱，其原因可能与蛋白质的保护作用有关。酪蛋白和可溶性淀粉也可抑制亚硫酸盐对硫胺素的破坏作用。虽然对保护效应的机理还不清楚，但其中必有其他降解机理存

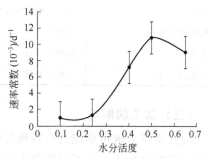

图 6-8　早餐谷物食品在 45℃ 储藏条件下硫胺素的降解速率与体系中水分活度的关系

在。硫胺素以多种不同形式（如游离型、结合型、蛋白质磷酸复合型等）存在于食物中，其稳定性取决于各种形式的相对浓度，在一定的动物种类中各种形式之间的比例则又取决于动物死亡前的营养状态，且不同肌肉亦不相同。植物采后和动物立即宰杀后的生理应力不同，也会造成含量比的差异。一些研究表明，硫胺素与硫胺素酶结合后产物的稳定性比游离态差。温度是影响硫胺素稳定性的一个重要因素详见表 6-5。

表 6-5　食品储存中硫胺素的保留率

品　种	储藏一年后的保留率/%		品　种	储藏一年后的保留率/%	
	35℃	1.5℃		35℃	1.5℃
杏	35	72	番茄汁	60	100
绿豆	8	76	豌豆	68	100
利马豆	48	92	橙汁	77	100

硫胺素像其他水溶性维生素一样，在烹调过程中会因浸出而带来损失（表 6-6）；在脱水玉米、豆乳、淀粉中，硫胺素降解受水含量影响极大。例如体系中含水量低于 10% 时，在 38℃储藏 182d，产品中的硫胺素几乎不受损失，而在水分含量增至 13% 时，则有大量损失。由于硫胺素的物理流失和化学降解的方式多，因此在食品加工储藏过程中必须极为小心，否则会造成硫胺素的大量损失。已发现在各种鱼和甲壳动物的提取物中硫胺素遭到破坏，过去认为是具有酶活性的抗硫胺素作用所致，然而最近从鲤鱼内脏得到的抗硫胺素因子是对热稳定的，并证实它不是酶，而是一种氯化血红素或类似的化合物。同样证明在鲔鱼、猪肉以及牛肉中的各种血红素蛋白亦都具有抗硫胺素的活性。

表 6-6　各类食品经加工处理后硫胺素的保留率

产　品	加　工　处　理	保留率/%
谷物	挤压烹调	48～90
土豆	在水（亚硫酸溶液）中浸泡 16h 后油炸	55～60(19～24)
大豆	用水浸泡后在水中或碳酸盐中煮沸	23～52
粉碎的土豆	各种热处理	82～97
蔬菜	各种热处理	80～95
冷冻、油炸鱼	各种热处理	77～100

（三）加工的影响

硫胺素热分解可形成具有特殊气味的物质，它可在烹调的食物中产生"肉"的香味。它的结构式显示了可能发生的某些反应，并说明硫胺素在释放噻唑环后，可再进一步降解产生其他更复杂的产物，虽然对反应生成这些物质的机理不清楚，但在反应中必定有噻唑环的严重降解和重排。

（四）硫胺素的生理功能

食品中的硫胺素几乎能被人体完全吸收和利用，可参与糖代谢、能量代谢，并具有维持神经系统和消化系统正常功能，以及促进发育的作用。

三、核黄素

（一）结构与分子式

核黄素即维生素 B_2，其结构式如图 6-9 所示。

核黄素是一大类具有生物活性的化合物，其母体化合物是 7,8-二甲基-10（$1'$-核糖醇）异咯嗪，所有衍生物均含有黄素，$5'$ 位上的核糖醇磷酸化后生成黄素单核苷酸（Flavin Mononucleotide，FMN）再加上 $5'$-腺苷单磷酸即黄素腺嘌呤二核苷酸（Flavin Adenine Dinucleotide，FAD）。在生物体中，FMN 和 FAD 常作为辅酶催化各种氧化还原反应。

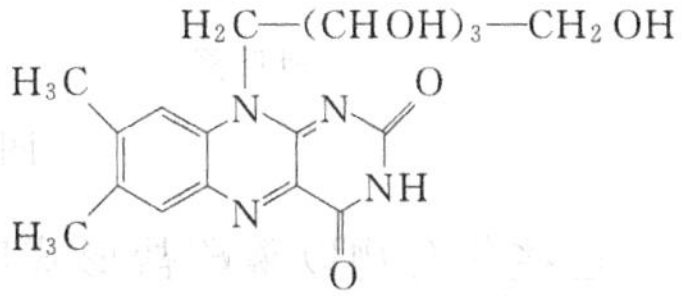

图 6-9 核黄素的分子结构式

牛乳和人乳中的 FAD 和游离的核黄素含量占总核黄素的 80% 以上（表 6-7）。核黄素中的 10-羟乙基黄素是哺乳类黄素激酶的抑制剂，能抑制组织吸收核黄素。光黄素是核黄素的拮抗剂，这几种黄素衍生物含量很少。在食品中 FAD、FMN 等活性物质是和拮抗物共存，所以只有能准确测定核黄素的各种形式才能判断食品的营养价值。一些形式的核黄素存在于食品中，但它们在营养学上的重要性还没有被人们充分认识。

表 6-7 新鲜人乳和牛乳中核黄素类化合物的分布状况

化合物名称	人乳/%	牛乳/%	化合物名称	人乳/%	牛乳/%
FAD	38～62	23～44	10-羧乙基黄素	2～10	11～19
核黄素	31～51	35～59	10-甲酰基黄素	痕量	痕量

（二）稳定性

核黄素具有热稳定性，不受空气中氧的影响，在酸性溶液中稳定，但在碱性溶液中不稳定，光照射容易分解。若在碱性溶液中辐射，可导致核糖醇部分的光化学裂解生成非活性的光黄素及一系列自由基；在酸性或中性溶液中辐射，可形成具有蓝色荧光的光色素和不等量的光黄素。光黄素是一种比核黄素更强的氧化剂，它能加速其他维生素的破坏，特别是抗坏血酸的破坏。在出售的瓶装牛乳中，由于上述反应，会造成营养价值的严重损失，并产生不适宜的味道，称为"日光臭味"。如果用不透明的容器装牛乳，就可避免这种反应的出现。食品在进行加工或烹调过程中对核黄素的破坏很少。

四、吡哆醇

（一）结构和分子式

吡哆醇是维生素 B_6 的一种，维生素 B_6 指的是在性质上紧密相关，具有潜在维生素 B_6 活性的三种天然存在的化合物，吡哆醛 [I]，吡哆素或吡哆醇 [II] 以及吡哆胺 [II]，其结构式如图 6-10 所示。

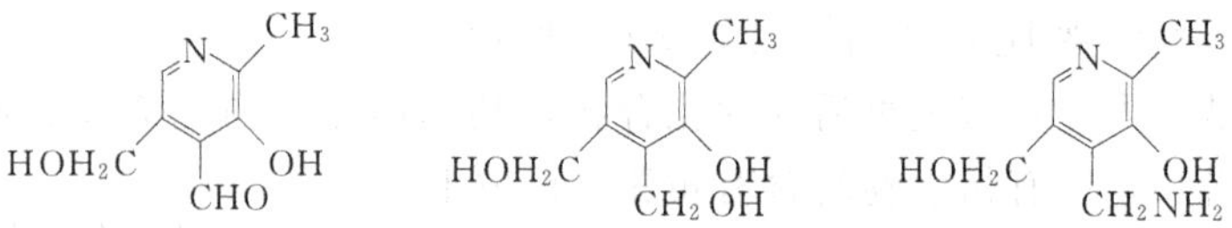

图 6-10　维生素 B_6 的结构式

这些化合物以磷酸盐形式广泛分布于动植物中。磷酸吡哆醛是许多氨基酸转移酶中的一种辅酶。它作为辅酶的作用是通过与氨基酸发生羰-氨缩合反应，生成席夫碱，再与金属离子螯合形成一个稳定的物质。

（二）稳定性

维生素 B_6 的三种形式都具有热稳定性，遇碱则分解。其中吡哆醛最为稳定，通常用来强化食品，维生素 B_6 在氧存在下，经紫外光照射后即转变为无生物活性的 4-吡哆酸。维生素 B_6 与氨基酸、肽或蛋白质的氨基相互作用生成席夫碱可认为是吡哆醛和吡哆胺之间的相互转换的结果，当在酸性条件下维生素 B_6 席夫碱会进一步解离。此外这些席夫碱还可以进一步重排生成多种环状化合物。

（三）加工的影响

加工过程对牛乳及牛乳制品中的吡哆醇的影响如下：奶粉中的吡哆醇在巴氏消毒、均质及生产过程中损失不多，但高温消毒可损失 36%～49%。不仅加热可引起维生素 B_6 的损失，而且食品的持久保存也会引起维生素 B_6 的损失，这种损失可能是吡哆醇与蛋白质的氨基酸（如半胱氨酸）在加热过程中反应生成含硫的衍生物，或者是与氨基酸作用生成席夫碱而降低其生物活性。将牛乳置于透明的玻璃中在日光下照射 8h 可使维生素 B_6 损失 20%～30%，小麦在碾磨过程中维生素 B_6 可损失 80%～90%。

五、钴胺素

（一）结构和分子式

维生素 B_{12} 由几种密切相关的具有相似活性的化合物组成，这些化合物都含有钴，故又称为钴胺素，维生素 B_{12} 为红色结晶状物质，是化学结构最复杂的维生素。它有两个特征组分，一是类似核苷酸的部分；二是中心环的部分，由一个钴原子与咕啉环中四个内氮原子配位。在通常离析出的形式中，二价钴原子的第六个配位位置被氰化物取代，生成氰钴胺素。与钴相连的氰基，被一个羟基取代，产生羟钴胺素，它是自然界中一种普遍存在的维生素 B_{12} 形式，这个氰基也可被一个亚硝基取代，从而产生亚硝钴胺素，它存在于某些细菌中。在活性辅酶中，第六个配位位置通过亚甲基与 5-脱氧腺苷连接。结构式见图 6-11。

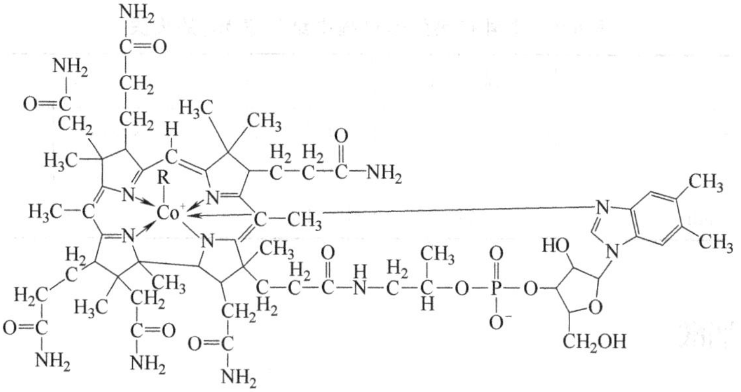

图 6-11　维生素 B_{12} 的结构式

维生素 B_{12} 主要存在于动物组织中（表 6-8），它是维生素中唯一只能由微生物合成的维生素。许多酶的作用需要维生素 B_{12} 作为辅酶。维生素 B_{12} 的合成产品是氰钴胺素，为红色结晶，非常稳定，可用于食品强化和营养补充。

表 6-8　食品中维生素 B_{12} 分布

含　量	食　品	维生素 B_{12} 含量/(μg/100g 湿重)
丰富	器官(肝、肾、心脏)、贝类(蛤、蚝)	>10
中等以上	脱脂浓缩乳、某些鱼、蟹、蛋黄	3～10
中等	肌肉、鱼、乳酪	1～3
其他	液体乳、赛达乳酪、农家乳酪	<1

（二）稳定性

氰钴胺素水溶液在室温并且不暴露在可见光或紫外光下是稳定的，最适宜 pH 范围是 4～6，在此范围内，即使高压加热，也仅有少量损失。在碱性溶液中加热，能定量地破坏维生素 B_{12}。还原剂如低浓度的巯基化合物，能防止维生素 B_{12} 破坏，但用量较多以后，则又起破坏作用。抗坏血酸或亚硫酸盐也能破坏维生素 B_{12}。在溶液中，硫胺素与尼克酸的结合可缓慢地破坏维生素 B_{12}；铁与来自硫胺素中具有破坏作用的硫化氢结合，可以保护维生素 B_{12}，三价铁盐对维生素 B_{12} 有稳定作用，而低价铁盐则导致维生素 B$_{12}$的迅速破坏。

（三）加工的影响

除在碱性溶液中蒸煮外，维生素 B$_{12}$在其他情况下，几乎都不会遭到破坏，肝脏在 100℃煮沸 5min 维生素 B$_{12}$损失 8%，肉在 170℃焙烤 45min 则损失 30%。用普通炉加热冷冻方便食品，如鱼、油炸鸡、火鸡和牛肉，其维生素 B$_{12}$可保留 79%～100%。牛乳在加工的各种热处理过程中，维生素 B$_{12}$的稳定性见表 6-9。

表 6-9　牛乳在热处理过程中维生素 B$_{12}$的损失

处　　理	损失/%	处　　理	损失/%
巴氏消毒 2～3s	7	在 143℃灭菌 3～4s(通入蒸汽)	10
煮沸 2～5min	30	蒸发	70～90
在 120℃灭菌 13min	77	喷雾干燥	20～30

六、烟酸

（一）结构和分子式

烟酸为 B 族维生素成员之一，包括尼克酸和尼克酰胺，或称为烟酸和烟酰胺，通称为烟酸，结构式如图 6-12 所示。

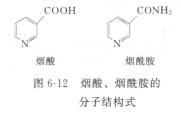

图 6-12　烟酸、烟酰胺的分子结构式

它们的天然形式均有烟酸活性。在生物体内烟酰胺是带氢的辅酶烟酰胺腺嘌呤二核苷酸（NAD）及烟酰胺腺嘌呤二核苷酯磷酸（NADP）的组分。烟酸是一种最稳定的维生素，对热、光、空气和碱都不敏感，在食品加工中也无热损失。烟酸广泛存在于蔬菜和动物来源的食品中，高蛋白膳食者对烟酸的需求量减少，这是由于色氨酸可代谢为烟酰胺。另外烟酸也是癞皮病的防治因子，在许多以玉米为主食的地区癞皮病是一个严重的问题，这是因为玉米蛋白中色氨酸的含量较低，而色氨酸在体内是可以转化为烟酸的。

（二）稳定性

烟酸在食品中是最稳定的维生素之一。但蔬菜经非化学处理，例如修整和淋洗，也会产生与其他水溶性维生素同样的损失。猪肉和牛肉在储藏过程中产生的损失是由生物化学反应引起的，而烤肉则不会带来损失，不过烤出的液滴中含有肉中烟酸总量的 26%，乳类加工中似乎没有损失。

七、叶酸

（一）性质和结构

叶酸是由 α-氨基-4-羟基蝶啶与对氨基苯甲酸相连接，再以—NH—CO—键与谷氨酸连接组成（图 6-13）。

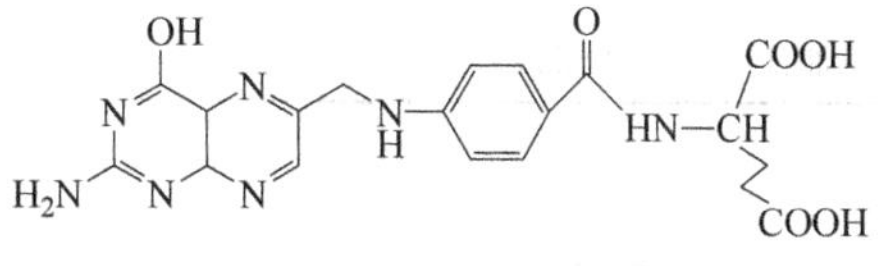

叶酸是一种暗黄色物质，不易溶解于水，其钠盐溶解度较大。天然存在的量很少，从人体对叶酸的需要量看，叶酸是维生素中需求量最大的维生素。食

图 6-13　叶酸酰谷氨酸的化学结构

品中 80％的叶酸以聚谷氨酰叶酸的形式存在，具有维生素活性的只有叶酸及其叶酸的多谷氨酸酯衍生物。叶酸的活性形式是四氢叶酸（THFA），四氢叶酸的主要作用是进行单碳残基的转移，这些单碳残基可能是甲酰基、亚氨甲基、亚甲基或甲基等。

（二）稳定性

叶酸在厌氧条件下对碱稳定。但在有氧条件下遇碱会发生水解，水解后的侧链生成氨基苯甲酸-谷氨酸（PABG）和蝶啶-6-羧酸，而在酸性条件下水解则得到 6-甲基蝶啶。叶酸溶液暴露在日光下亦会发生水解形成 PABG 和蝶呤-6-羧醛，此 6-羧醛经辐射后转变为 6-羧酸，然后脱羧生成蝶呤，核黄素和黄素单核苷酸（FMN）可催化这些反应。

食品加工中使用的亚硝酸盐和亚硫酸能与食品中的叶酸发生相互作用，现已引起人们的重视。因亚硫酸能导致叶酸侧链解离，生成还原型蝶呤-6-羧醛和 PABG。在低温条件下亚硝酸与盐酸反应生成 N^{10}-亚硝基衍生物，近来证明 N^{10}-亚硝基叶酸对鼠类有弱的致癌作用，可见对于人体是有害的。

四氢叶酸的几种衍生物稳定性顺序为：5-甲酰基四氢叶酸＞5-甲基四氢叶酸＞10-甲基四氢叶酸＞四氢叶酸。叶酸的稳定性仅取决于蝶啶环，而与聚合酰胺的链长无关。食品中叶酸酯主要以 5-甲基四氢叶酸形式存在。

（三）加工的影响

叶酸衍生物在加工食品中的损失程度和机理尚不清楚。对乳品的加工和储存研究表明，叶酸的钝化过程主要是氧化。叶酸的破坏与抗坏血酸的破坏相平行，而所添加的抗坏血酸可保护叶酸。此两种维生素都可被乳品的去氧合作用而增加稳定性。但是二者在室温（15～19℃）下储存 14d 后都有下降。

牛乳的高温短时间消毒（92℃，2～3s）使总叶酸损失约 12％，预热乳通入蒸汽快速灭菌（143℃，3～4s）则仅损失总叶酸 7％。叶酸在不同食品加工中的损失如表 6-10 所示。

表 6-10 不同加工方法对食品中叶酸的损失影响情况

食 品	加工方法	叶酸活性的损失/%	食 品	加工方法	叶酸活性的损失/%
蛋类	油炸、烹调	18~24		罐装	50
肝	烹调	无	番茄汁	暗处储藏(1年)	7
花菜	煮	69		光照储藏(1年)	30
胡萝卜	煮	79	玉米粉	精制	65
肉类	γ 辐射	无	面粉	碾磨	20~80
葡萄柚汁	罐装储藏	约0	肉类或蔬菜	罐装储藏1年半	约0
				罐装储藏3~5年	约0

八、泛酸

(一) 结构和化学性质

泛酸又称维生素 B_5 是人和动物所必需的, 是辅酶 A (CoA) 的重要组成部分,

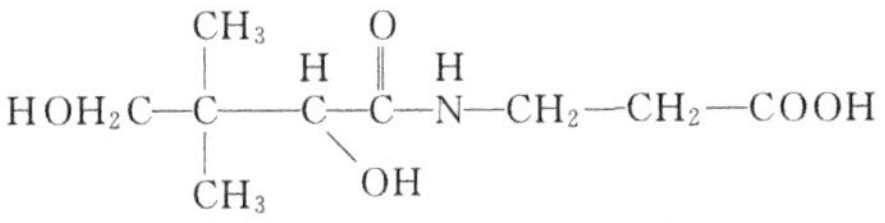

图 6-14 泛酸的结构式

在人体代谢中起重要作用。其结构式如图 6-14 所示。

泛酸在 pH4~7 的范围内稳定, 在酸和碱的溶液中水解, 在碱性溶液中水解生成 β-丙氨酸和泛解酸, 在酸性溶液中水解成泛解酸的 γ-内酯。泛酸广泛分布于生物体中, 主要作为辅酶 A 的组成部分, 参与许多代谢反应, 因此是所有生物体的必需营养素。食品中泛酸的分布见表 6-11。

表 6-11 一些食品中的泛酸含量

食 品	泛酸含量/(mg/100g)	食 品	泛酸含量/(mg/100g)
干啤酒酵母	200	荞麦	26
牛肝	76	菠菜	26
蛋黄	63	烤花生	25
肾	35	全乳	24
小麦麸皮	30	白面包	5

(二) 加工的影响

曾对 507 种食品中泛酸的含量进行分析, 在肉罐头中泛酸损失 20%~35%; 蔬菜食品中损失 46%~78%; 冷冻食品中也有较大的损失, 其中肉制品损失 21%~70%、蔬菜食品损失 37%~57%; 水果和水果汁经冷冻和罐装, 泛酸损失分别为 7% 和 50%, 稻谷在加工成各种食品时, 泛酸损失 37%~74%, 而肉加工成碎肉产品时, 则损失 50%~70%。牛乳经巴氏消毒和灭菌, 泛酸损失一般低于 10%, 干乳酪比鲜牛乳中泛酸损失要低。膳食中泛酸在人体内的生物利用率约为 51%, 然而还没有证据显示这会导致严重的营养问题。

九、生物素

(一) 结构和分布

生物素和硫胺素一样,是一种含硫维生素。它的结构中含有三个不对称中心,另外两个环可以为顺式或反式稠环,在 8 个可能的立体结构中,只有顺式稠环 D-生物素具有维生素活性。生物素和生物胞素(Biocytin)是两种天然维生素,其结构式如图 6-15 所示。

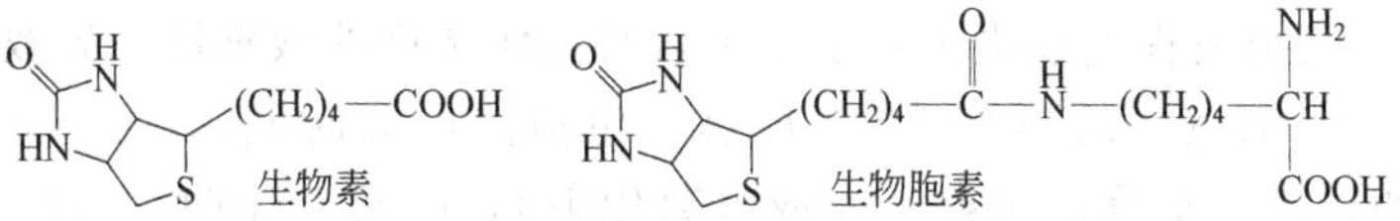

图 6-15 生物素和生物胞素结构

生物素广泛分布于植物和动物体中(表 6-12),很多动物包括人体在内都需要生物素维持健康。在糖类化合物、脂肪和蛋白质代谢中具有重要的作用。主要功能是作为羧基化反应和羧基转移反应中的辅酶,以及在脱氨作用中起辅酶的作用。以生物素为辅酶的酶是用赖氨酸残基的 ε-氨基与生物素的羧基通过酰胺键连接的。

表 6-12 一些食品中的生物素的含量

食 品	生物素含量/($\mu g/g$)	食 品	生物素含量/($\mu g/g$)
苹果	0.9	蘑菇	16.0
豆	3.0	柑橘	2.0
牛肉	2.6	花生	30.0
牛肝	96.0	马铃薯	0.6
乳酪	1.8~8.0	菠菜	7.0
莴苣	3.0	番茄	1.0
牛乳	1.0~4.0	小麦	5.0

(二) 稳定性

纯生物素对热、光、空气非常稳定。在微碱性或微酸性(pH5~8)溶液中也相当稳定,即使在 pH9 左右的碱性溶液中,生物素也是稳定的,极端 pH 条件下生物素可能发生水解。在醋酸溶液中用高锰酸盐或过氧化氢氧化生物素生成砜,遇硝酸则破坏其生物活性,形成亚硝基脲衍生物。在谷粒的碾磨过程中生物素有较多的损失,因此完整的谷粒是这种维生素的良好来源,而精制的谷粒产品则损失多。生物素对热稳定,在食品的制备过程中损失不大。在生蛋清中发现一种蛋白质,即抗生物素蛋白,它能与生物素牢固结合形成抗生物素的复合物,它使生物素无法被生物体利用。但抗生物素蛋白遇热易变性,失去与生物素结合的能力,因此,鸡蛋烹调时,抗生物素蛋白活性受到破坏。人体肠道内的细菌可合成相当量的生物素,故人体一般不缺乏生物素。

第四节　维生素在食品储藏加工中的损失

　　维生素是有机体中极其重要的微量营养素，它的生物活性功能表现在许多方面，例如多种维生素是辅酶或它们的前体物质（包括烟酸、硫胺素、核黄素、生物素、泛酸、维生素 B_6、维生素 B_{12} 和叶酸）。但是由于维生素本身的性质决定了其在储藏加工过程中，即使通过清洗、整理，或者钝化某些抗营养物等增加其可利用性的过程中，都可导致维生素某种程度的损失。食品加工操作可引起食品中多种维生素的损失，其损失程度取决于特定维生素对操作条件的敏感性。导致维生素损失的主要因素有：氧气（在空气中），加热（包括温度和时间），金属离子的影响，pH 值，酶的作用，水分，照射（光或电离辐射），以及上述两种或两种以上因素的综合作用。

　　维生素的损失除受食品加工中各种因素的影响之外，还受加工前各种因素所影响。像食品原料经过收获、储藏、运输过程后，维生素都会有不同程度的损失。因此食品在储藏和加工过程中除必须保持营养素最小损失和食品安全外，还需考虑加工前的各种条件对食品中营养素含量的影响，如成熟度、生长环境、土壤、肥料、水分、气候、光照时间和强度，以及采后或宰后处理等因素。食品加工和储藏过程中的方法多种多样，现就几种主要的影响因素对维生素的影响介绍如下。

　　1. 成熟度对维生素的影响

　　关于成熟度对食品中维生素含量影响的研究不多，目前主要对食品中维生素 C 含量的研究相对比较多些。维生素 C 的含量随成熟期的不同而变化，对于不同的作物成熟过程中维生素 C 的含量变化并不一样。番茄中维生素 C 的含量在其未成熟的某一个时期最高（表 6-13）。

表 6-13　不同成熟时期番茄中抗坏血酸含量的变化

花开后的周数	单个平均质量/g	颜色	抗坏血酸/(mg/100g)
2	33.4	绿	10.7
3	57.2	绿	7.6
4	102.5	绿-黄	10.9
5	145.7	红-黄	20.7
6	159.9	红	14.6
7	167.6	红	10.1

　　而冬枣不同成熟期的维生素 C 也是不同的，其中白熟期含量最高，白熟期到初红期下降幅度最大，半红期维生素 C 含量又有所积累，全红期维生素 C 含量降至最低（图 6-16）。

　　2. 采后及储藏过程中对维生素的影响

　　食品从采收或屠宰到加工这段时间，营养价会发生明显的变化。因为许多维生素的衍生物是酶的辅助因子，它易受酶，尤其是动、植物死后释放出的内源酶所降解。细胞受损后，原来分隔开的氧化酶和水解酶会从完整的细胞中释放出来，从而改变维生素的化学形式和活性。对豌豆的研究表明，从采收到运往加工厂储水槽的 1h 内，所含维生素会发生明显的还原反应。新鲜蔬菜如果处理不当，在常温或较高温度下存放 24h 或更长时间，维生素

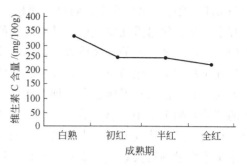

图 6-16　冬枣不同成熟期维生素 C
含量的变化

也会造成严重的损失。植物组织经过修整或细分（如水果除皮）均会导致营养素的部分丢失。据报道，苹果皮中抗坏血酸的含量比果肉高，凤梨心比食用部分含有更多的维生素 C，胡萝卜表皮层的烟酸含量比其他部位高，土豆、洋葱和甜菜等植物的不同部位也存在营养素含量的差别。因而在修整这些蔬菜和水果以及摘去菠菜、花椰菜、芦笋等蔬菜的部分茎、梗和梗肉时，会造成部分营养素的损失。在一些食品去皮过程中由于使用强烈的化学物质，如碱液处理，将使外层果皮的营养素破坏。食品在加工、储藏过程中，许多反应不仅会损害食品的感官性状，而且也会引起营养素的损失。

3. 谷类食物在研磨过程中维生素的损失

谷类在研磨过程中，营养素不同程度会受到损失，其损失程度依种子内的胚乳与胚芽同种子外皮分离的难易程度而异，难分离的研磨时间长，损失率高，反之则损失率低。因此研磨对每种种子的影响是不同的，即使同一种子，各种营养素的损失率亦不尽相同（图 6-17）。

4. 切割、淋洗与热烫对维生素的影响

食品中水溶性维生素损失的一个主要途径是经由切口或易受破损的表面而流失。此外在加工过程中洗涤、水槽传送、漂烫、冷却和烹调等亦会造成营养素的损失，其损失特性和程

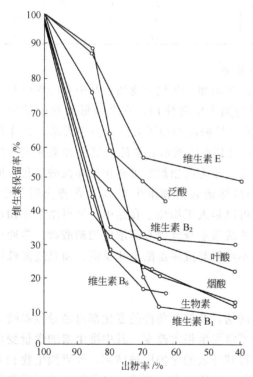

图 6-17　小麦出粉率与面粉中维生素
保留比例之间的关系

度与 pH、温度、水分含量、切口表面积、成熟度以及其他因素有关。在食品加工过程中，如食物暴露在空气中，易受空气的氧化或微量元素的污染，有时在浸渍过程中，亦可增加食品的矿物质含量，如浸渍在硬水中，会增加食品中钙的含量。在上述加工过程中，漂烫可导致许多重要的营养素损失。热烫通常采用蒸汽或热水两种方法，其方法的选择则依食品种类和以后的加工操作而定，一般来说蒸汽处理引起的营养素损失最小。食品在工厂加工，如果是在良好的操作条件下进行，其浸提、热烫、烹调造成的营养素损失，一般不会大于家庭操作的平均损失。罐装食品中维生素含量的有关数据（表 6-14）已经证实了这一点。

表 6-14　维生素在罐藏中的损失　　　　　　　　单位：%

产品	生物素	叶酸	维生素 B_6	泛酸	维生素 A	硫胺素	核黄素	烟酸	维生素 C
芦笋	0	75	64	—	43	67	55	47	54
利马豆	—	62	47	72	55	83	67	64	76
青豆	—	57	50	60	52	62	64	40	79
甜菜	—	80	9	33	50	67	60	75	70
胡萝卜	40	59	80	54	9	67	60	33	75
玉米	63	72	0	59	32	80	58	47	58
蘑菇	54	84	—	54	—	80	46	52	33
豌豆	78	59	69	80	30	74	64	69	67
菠菜	67	35	75	78	32	80	50	50	72
番茄	55	54	—	30	0	17	0	0	26

5. 加工时化学试剂处理对维生素的影响

储藏和加工过程中，常常需要向食品中添加一些化学物质，其中有的能引起维生素损失。例如，漂白剂或改良剂在面粉加工中常使用，它会降低面粉中维生素 A、维生素 C、维生素 E 等的含量，即使传统的面粉加工方法，由于天然氧化作用也会造成同样的损失。二氧化硫（SO_2）及其亚硫酸盐、亚硫酸氢盐和偏亚硫酸盐常用来防止水果和蔬菜中的酶或非酶褐变，作为还原剂它可防止抗坏血酸氧化，但作为亲核试剂，在葡萄酒加工中它又会破坏硫胺素和维生素 B_6。在腌肉制品中，亚硝酸盐常作为护色剂和防腐剂。它既可以是人工添加于食品中，又可由微生物还原硝酸盐而产生。例如菠菜、甜菜等一些蔬菜本身就含有高浓度的硝酸盐，常通过微生物作用而产生亚硝酸盐。亚硝酸盐不但能与抗坏血酸迅速反应，而且还能破坏类胡萝卜素、硫胺素及叶酸。

6. 储藏变质的影响

果蔬在储藏过程中由于自身的生理活动，及储藏条件的变化都可能导致腐败变质。当果蔬腐败变质时，果蔬中的营养素将发生很大改变。其中维生素的含量变化比较明显，这主要是由于果蔬的变质使得其外表的保护层被破坏，外界微生物和大量的氧化物质进入其内部。具有抗氧化能力的维生素，将被有氧化能力的外界物质所氧化。像维生素中的维生素 C 和维生素 E 本身具有很强的氧化作用，当遇到空气中的氧气时被氧化，进而失去本身的抗氧化能力。研究发现，由于储藏条件的限制抑制了果实碳水化合物的转化，保持了较高的有机酸、维生素 C、蛋白质含量，这些都有利于果蔬的储藏保鲜。但是从裸放果实的维生素 C 含量测定得到，只要果实未变质软烂，均能保持较高的维生素 C 含量，一旦果实变质软烂，维生素 C 含量即急剧下降。但是其余维生素在储藏过程中的变化以及变化后的影响，尚需进一步的研究和探讨。

<h1 style="text-align:center">复 习 题</h1>

1. 总结维生素的主要生理作用及主要缺乏症是什么？查食品营养成分表，对几种常见食品（蔬菜、水果、谷物）中维生素的含量水平进行比较。

2. 查出胡萝卜素、叶黄素的结构，确定其中哪些具有维生素 A 的活性。

3. 维生素在加热情况下会发生何种变化？在有氧条件下的变化是什么？

4. 比较水溶性维生素的稳定性情况。

5. 比较水溶性维生素和脂溶性维生素的性质差异，并解释为什么？

6. 比较脂溶性维生素不同种类的差异，并掌握维生素 E 和维生素 D 的生理功能？

7. 解释食品加工和储藏过程中不同加工和储藏条件对食品中维生素的影响，解释其产生的原因？

8. 试着说出不同种类水溶性维生素和脂溶性维生素的活性基团，并进行归类。

第七章　矿　物　质

第一节　概　述

组成食品的各种元素中，除 C、H、O、N 以外，其他大多以无机盐或离子状态存在（个别以有机物形式存在），把它们统称为无机盐元素，习惯上称为矿物质元素，简称为矿物质。矿物质在营养学上的重要意义在于它的外源性，人体自身不能合成，必须从食物或环境中摄取。人体所需的矿物质，主要来源于作为食物的动植物组织、饮用水和食盐中。矿物质虽然在生物体的组成中只占很小的比例，但对生物体的机体组织和维持正常生理功能却很重要。从食品化学的角度研究矿物质的存在、性质、功用、代谢等内容。这对于建立合理的膳食结构，保证有益元素的吸收，维持生命体系处于最佳状态，都具有十分重要的意义。

一、食品中矿物质的分类

食物中包含的矿物元素大概有 60 多种，依据不同分类方法，矿物质可分为不同的种类。

1. 按矿物质在人体的含量或摄入量分类

（1）常量元素　主要是指在人体内含量大于 0.01% 的矿物质或日需量大于 100mg/d 的矿物质，其中主要包括钾（K）、钠（Na）、钙（Ca）、镁（Mg）、氯（Cl）、硫（S）、磷（P）和碳酸盐等。

（2）微量元素　微量元素在人体内的含量常低于 0.01%，或日需量小于 100mg/d。到目前为止，人和动物营养所必需的微量元素有 14 种，分别是铁（Fe）、锌（Zn）、铜（Cu）、碘（I）、锰（Mn）、钼（Mo）、钴（Co）、硒（Se）、铬（Cr）、镍（Ni）、锡（Sn）、硅（Si）、氟（F）、钒（V）。

（3）超微量元素　含量非常少，数量级一般为微克（10^{-6}g），如铅（Pb）、汞（Hg）等。

2. 从营养学角度分类

（1）必需元素　是指存在于一切机体的正常组织中，且含量比较固定，缺乏时能发生组织上和生理上的异常，当补充这种元素后即可恢复正常的一类元素。常见的必需元素有 20 余种。

（2）非必需元素 广泛存在于机体的组织中，有时摄入量很大，但对人的生物效应和作用目前还不清楚。常见的非必需元素如表 7-1 所示。

表 7-1 食品中主要非必需元素

元素名称	Rb	Br	Al	B	Ti
人体含量/（mg/kg 体重）	4.6	2.9	0.9	0.7	0.1
摄入量/（mg/d）	1～2	7.5	5～35	1.3	0.9

（3）有毒（有害）元素 包括铅、镉、汞、砷等，它们在营养上没有任何有益效果，且对人体存在很大的毒害作用，在食品安全方面，是值得注意的问题。

矿物质还可按照其在人体内消化代谢的终端产物是呈现酸性还是碱性分为两类，即酸性矿物质如磷、氯、硫、碘等和碱性矿物质如钙、镁、钠、钾等。

二、矿物质的基本性质

1. 矿物质在水溶液中的溶解性

几乎所有的营养元素在机体中的代谢都是在水溶液中进行的，所以矿物质的生物利用率和活性等与它们在水中的溶解性有很大的关系。各种价态的矿物质在水中有可能与生命体中的有机质，如蛋白质、氨基酸、有机酸、核酸、核苷酸、脂肪和糖等形成多种络合物或螯合物，这有利于矿物质保持稳定和在器官、组织间的输送。另外，元素的化学形式在很大程度上也影响矿物质元素的吸收和利用，如二价铁离子很容易被人体吸收，而三价铁离子却很难被人体吸收（见表 7-2）。

表 7-2 食品中强化用铁盐及其生物利用率

化 合 物 名 称	强化铁含量/（mg/kg）	相对生物利用率/%	
		人	鼠
硫酸亚铁	200	100	100
乳酸亚铁	190	106	—
焦磷酸铁	250	—	45
焦磷酸铁钠	150	15	14
柠檬酸亚铁铵	165～185	—	107
元素铁	960～980	13～19	8～76

2. 金属离子间的相互作用

机体对金属元素的吸收有时会发生拮抗作用，这可能与它们竞争载体有关，如锌、锰等元素的吸收就会受到过多铁的抑制。

3. 微量元素的氧化还原性

自然界中微量元素常常具有不同的价态，在一定条件下它们可以相互转变，同时伴随着电子、质子或氧的转移，存在着化学平衡关系，并可形成各种各样的络合物，不可避免地会影响组织和器官的环境，如 pH、配体组成等。同种元素处于不同价态时，会扮演营养源或有毒（有害）物质；防止衰老或促进衰老；防癌（抗癌）或致癌等多种角色，而作用的强弱也各不相同。

4. 螯合效应

一个金属离子与一个多合配位体结合时，形成两个或更多个键，同时产生包含此金属离子的环状结构，这种形式的络合物被称为螯合物。在食品体系中螯合物的作用是非常重要的，因为它不仅可以提高矿物质的生物利用率，而且还可以发挥其他的重要作用，如防止铁离子的助氧化作用。矿物质形成螯合物的能力与其本身的特性有关，一般过渡元素极易形成螯合物。矿物质形成螯合物后，所产生的有效作用主要有 3 种：①矿物质与可溶性配位体结合后一般可以提高它们的生物利用率，例如 EDTA 与铁螯合后可以提高铁的吸收和利用率；②很难消化吸收的一些高分子化合物，例如纤维素，与矿物质结合后降低其生物利用率；③矿物质与不溶性的配位体结合后，严重影响其生物利用率，如植酸盐抑制铁、钙、锌等的吸收，以及草酸盐对该吸收的抑制。

三、矿物质的基本作用

1. 机体的重要组成部分

机体中的矿物质主要存在于骨骼并维持骨骼的刚性，99％的钙元素和大量的磷、镁元素主要存在于骨骼、牙齿中，此外磷、硫还是蛋白质的组成元素，细胞中则广泛存在钾、钠元素。

2. 维持细胞的渗透压及机体的酸碱平衡

矿物质与蛋白质一起维持细胞内外的渗透压平衡，对体液的潴留与移动起重要作用，此外有碳酸盐、磷酸盐等组成的缓冲体系与蛋白质一起构成机体的酸碱缓冲体系，可以维持机体的酸碱平衡。

3. 保持神经、肌肉的兴奋性

钾、钠、钙、镁等离子以一定比例存在时，对维持神经、肌肉组织的兴奋性、细胞膜的通透性具有重要作用。

4. 对机体具有特殊的生理作用

铁对于血红蛋白/细胞色素酶系的重要性，碘对于甲状腺素合成的重要性等均属于此范畴。

5. 对于食品感官质量的作用

矿物质对于改善食品的感官质量也具有重要作用，如磷酸盐类对于肉制品的保水性、结着性的作用，钙离子对于一些凝胶的形成和食品质地的硬化等。

第二节 食品中重要的矿物质

一、钙

无机盐中钙是人体中含量最多的元素，仅次于碳、氢、氧、氮，总含量约为 1500g 左右，占人体重的 $1.5\% \sim 2.0\%$。其中 99% 存在于骨骼和牙齿中，主要形式为羟基磷灰石 $[Ca_3(PO_4)_2 \cdot CaCO_3$ 和 $Ca_3(PO_4)_2 \cdot Ca(OH)_2]$，其余 1% 存在于软组织、细胞外液中，并与骨骼中的钙保持着动态平衡。它还能维持毛细管及细胞膜的渗透性，以及神经肌肉的正常兴奋和心跳规律。若血钙下降则会引起神经肌内兴奋性增强，从而产生手足抽搐；血钙增高可引起心脏、呼吸衰竭。此外，钙还参与凝血过程，对多种酶有激活作用。

钙一般处于溶解态时，在小肠中被吸收，任何影响钙溶解性的因素都影响钙的吸收，如以植酸盐的形式吸收以及膳食中高脂肪、高纤维等，相反微生物发酵后的食品可提高对钙的吸收，乳糖和充足的蛋白质也有利于钙的吸收。

从代谢机理方面考虑，维生素 D 是影响钙吸收的重要因素，维生素 D 不足，钙的吸收过程受阻。

儿童若缺钙易患佝偻病，成人则易引起骨质软化症。人对钙的日需要量，推荐宜为 $0.8 \sim 1.0g$。但在低钙、高谷物的膳食结构中，食品中提供的钙含量往往偏低，故在这一类人群中强化钙是一个十分重要的问题。

食物中钙的最好来源是乳及乳制品，因为它具备含量丰富同时吸收率高的特点，是理想的钙源。蛋制品、水产品（如虾皮）、肉类等产品中富含钙。植物性食品中绿叶蔬菜、豆类、芝麻酱中含钙较多，但钙的吸收率较低，约 $70\% \sim 80\%$ 的钙与植酸、草酸、脂肪酸等阴离子形成不溶性的盐而不被吸收。钙强化食品通常采用乳酸钙、碳酸钙、葡萄糖酸钙等作为钙源。

二、磷

正常人机体内含磷总量约为 $600 \sim 900g$，在各种细胞中都有分布，其中约有 80% 的磷以不溶性磷酸盐形式存在于骨骼和牙齿中。其余的则以有机磷化合物的形式存在于细胞内液，是细胞内液含量最大的阴离子。

磷的生理功能除构成骨骼、牙齿的主要成分外，它还是构成软组织的重要成分，如核酸、磷脂，很多蛋白质结构等均含磷。此外，磷还具有参与机体能量代谢、参与酶的组成、维持体液酸碱平衡等重要功能。

人体对磷的日需量为 0.8~1.2g，正常的膳食结构一般不会出现缺磷现象。

含磷丰富的食物主要是豆类、肉类、花生、核桃、蛋黄等，食物中的磷主要以有机磷酸酯及磷脂的形式存在，较易消化吸收，吸收率在 70% 以上，人体内缺磷时，吸收率可达 90%。食品添加剂中使用的多磷酸盐，必须水解为简单的正磷酸盐后才能被人体吸收。植酸含量高的食物（谷类和大豆）中，磷含量也高，但吸收率低，但是可以通过食品加工的手段提高其利用率。如将谷粒、豆粒用热水浸泡，或者通过微生物发酵使植酸被酶水解，从而降低植酸盐含量，增加磷的吸收，也可改善对其他矿质元素的吸收。

强化磷的添加剂有正磷酸盐、焦磷酸盐、聚磷酸盐、骨粉等。

三、铁

铁是人体必需的微量元素，成人体内含铁量约 3~5g。其中 60%~70% 的铁存在于红细胞的血红蛋白中，是构成血红素的成分。其余的铁分布于肌红蛋白、铁蛋白、铁血黄素、细胞色素及一些酶类中。机体内的铁均与蛋白质结合在一起，无游离的铁离子存在。

铁在机体内参与氧的运送、交换和组织呼吸过程。还与能量代谢及促进肝脏等组织细胞的生长发育有关。

人体中缺铁（血浆中铁的含量低于 400mg/L）会导致缺铁性贫血，使人感到体虚无力。

虽然铁的需要量不大，但人体对铁的吸收利用率很低，大多食物为 5%~10%，肉中铁的吸收利用率最高为 20%~30%，猪肝铁的吸收利用率为 6%，植物中铁的吸收利用率最低为 1%~1.5%。故有大量的人体内吸收的量低于标准，因此在食物中注意铁的吸收是很有必要的。

在食品加工过程中，会对铁的生物有效性产生一定的影响。如：在食品加工中去除植酸盐或添加维生素 C 有助于铁的吸收。而饼干的焙烤可将添加的还原态的二价铁变为氧化态三价铁，从而阻碍铁的吸收。

富含铁的食物有动物的肝、肾，植物中的大豆、芝麻、绿色蔬菜等均是铁的良好来源。鸡蛋中由于蛋黄的磷蛋白与高铁离子结合成不溶性的铁盐，而难以吸收。此外，为了提高铁的吸收率，还应注意动、植物性食品混合食用以加强铁的吸收。

常用于强化铁的化合物有：硫酸亚铁、正磷酸铁、卟啉铁等。

四、锌

锌也是人体必需的微量元素之一。在人体内，锌含量仅次于铁，约为 2~4g，主要以锌蛋白及含锌酶的形式分布在各种组织器官中，其中 30% 储藏在骨骼和皮肤中。血液中的锌主要以酶的形式存在于红血球中。

锌在机体内首先参与 70 多种酶的组成，并为酶的活性所必需。例如：它是红细胞磷酸酐酶和 Zn、Cu 超氧化物歧化酶的组成成分。其次锌还是蛋白质和核酸合成的一个重要因素。此外，锌影响睾丸类固醇和胰岛素的形成，还可以加速生长发育、增强创伤的愈合能力及对味觉和食欲有明显的影响。

缺锌的现象比较普遍，人体缺锌时，食欲不振、发育不良（性功能发育不正常）、味觉嗅觉迟钝、创伤愈合难，当胰腺中锌含量降至正常人的一半时，有患糖尿病的危险。成年男子对锌的实际需要量约 2.2mg/d，考虑到人对食物中的锌的吸收率仅为 10% 左右，一般推荐量力 22mg/d。

动物性食品中锌的生物有效性高于植物性食品，所以，牛肉、羊肉、猪肉、鱼类及海产品等动物性食品是锌的可靠来源。如牛、猪、羊肉等含锌约 20～60mg/kg；鱼类等海产品含锌 15～20mg/kg；此外，豆类、小麦等也含锌。

影响锌吸收的因素主要有：①植酸、纤维素、草酸、单宁等影响锌的吸收，如谷物中锌与植酸形成不溶性盐，导致锌的生物利用率下降，但面粉经酵母发酵后会使植酸减少，从而使锌的溶解度和利用率增加；②铁与锌的吸收相互干扰，食物中 Fe/Zn 质量比为 1 时较好，很多肉类的 Fe/Zn 质量比为 1.5～4.5 之间，故为了提高锌的吸收率，肉类制品不宜强化铁，但可对锌进行必要的强化；③食物中高浓度的铜干扰锌的吸收。

通常用于强化锌的试剂有：硫酸锌、葡萄糖酸锌等。

五、碘

碘是人体必需的微量元素之一，人体内含碘总量约为 20～50mg，其中约 20%～30% 以甲状腺素、三碘甲腺原氨酸的形式存在于甲状腺中，其余以蛋白质结合碘的形式分布于血浆中，此外，肌肉、肾上腺及其他腺体内也存在有碘。

碘的生理功能主要体现在参与甲状腺素的合成及对机体代谢的调节。该类物质能调节体内的能量、蛋白质、脂类与糖的代谢，促进生长发育，影响个体体力、智力的发展以及神经、肌肉组织等的活动。

人体缺碘可造成甲状腺肿大，生长迟缓，智力迟钝等现象。孕妇缺碘会引起新生儿患"呆小症"。碘的供给量标准为成人 150μg/d。全球缺碘人数约 2 亿以上，缺碘的原因是长期食用在低碘或缺碘地区种植的农产品。食品中碘的含量因地区有很大的不同。如近海地区居民一般不缺碘，因为海藻类、海鱼、贝壳类食物中含有丰富的碘，但其他地区饮食中需要补碘。一般食物中含碘低于 10μg/kg，而且在热加工和淋洗浸泡中损失较大。但食物中碘含量不足并不是造成机体缺碘的唯一原因。有些食物中本身含有抗甲状腺素物质，如卷心菜、油菜、萝卜中含有的硫脲类化合物就具有这种性能。

海产品尤其是海带、紫菜、海蜇等富含碘，是碘的良好来源。蛋、奶、海盐中的原盐也含一定量的碘。

一般采用在盐中加入碘化钾或碘酸钾的方法实现强化补碘，每克碘盐含碘约 $70\mu g$，因此碘盐是最为方便有效的补碘途径。

六、氟

人体中含氟总量大致为 2.6g，主要分布在骨骼和牙齿中，氟作为一种必需元素，1972 年才被确定，适量的摄入氟主要作用是防止龋齿和牙质损坏。该作用确切的机理不很清楚，可能是在牙质中结合适量氟后，可降低微生物分泌的酸对牙质的溶解性。

氟的日摄入量为 1.5～4mg。自然界氟的分布很广泛，但不均衡，有的地区缺氟，有的地区氟含量过高。海产品与茶叶是含氟量最高的食品。缺氟的地区采取在自来水中加入氟（1mg/L）来满足人对氟的需要量。但补充时一定要注意浓度不能高，长期饮用 2～7mg/L 的氟会出现牙斑，饮用 8～20mg/L 的氟会导致骨质脆弱，易发生骨折，因而氟含量高的地区，应通过离子交换去除过量的氟。

七、硒

硒是一种过氧化物歧化酶（SOD）的组分，也是构成谷胱甘肽过氧化物酶的成分，在机体内参与辅酶 Q 与辅酶 A 的合成。缺硒可导致克山病的发生，硒还与人体免疫及多种疾病有关。硒的供给标准为 $50\mu g/d$（成人）。

硒是谷胱甘肽过氧化物酶（GSH-Px）的必需组成因子，在清除活性氧自由基过程中起着至关重要的作用。硒还与维生素 E 有协同清除自由基的作用。除了缺硒症外，补硒在预防肿瘤和心血管病、延缓衰老方面都有重要的作用。

硒在食物中的含量受地球化学影响很大。我国绝大部分地区处于缺硒带，所以硒供给量不足。

一般肝、肾、海产品、肉类及大豆是硒的良好来源。

第三节　矿物质在食品加工中的损失和强化

一、矿物质在食品加工中的损失

食品中的矿物质总的来说是稳定的，它们对于碱、空气、氧气及光线不像维生素那样敏感，一般在加工中也不会因这些因素而大量损失。当然，加工过程中，某些矿物质的含量也会因加工处理而有所变动。食品在加工和烹调过程中对矿物质的影响是食品中矿物质损失的常见原因。

（一）碾磨对谷类食物中矿物质含量的影响

谷物是矿物质的一个重要来源，谷类中矿物质主要分布于表皮层和胚组织中，因而碾磨过程能引起矿物质的大量损失，并且食品碾磨得越细，矿物元素损失得就越多，但各种矿物质的损失有所不同。例如：小麦经碾磨后，铁损失较严重，此外，铜、锰、锌、钴等也会大量损失（见表7-3）。精制大米时，锌和铬大量损失，锰、钴、铜等也会受到影响。但是在大豆的加工中则有不同，因为大豆的加工主要是一些脱脂、分离、浓缩等过程。大豆经过这些加工工序对蛋白质的含量有所提高，而很多矿物质正是与蛋白质组分结合在一起的，所以实际上大豆经过加工后，矿物质基本上没有损失（除硅外）。

表 7-3　小麦碾磨加工过程中一些矿物质的损失

矿物质	含量/(mg/kg)				相对全麦损失率/%
	全麦	小麦粉	麦胚	麦麸	
铁	43	10.5	67	47～78	76
锌	35	8	101	54～130	77
锰	46	6.5	137	64～119	86
铜	5	2	7	7～17	60
硒	0.6	0.5	1.1	0.5～0.8	16

（二）食品加工对矿物质的影响

罐藏、烫漂、沥滤、汽蒸、水煮等加工工序都可能对矿物质造成影响。据报道，罐藏的菠菜与新鲜菠菜相比，锰损失 81.7%，钴损失 70.8%，锌损失 40.1%。番茄制成罐头后损失 83.8%的锌，胡萝卜、甜菜、青豆制成罐头后，钴分别损失 70%、66.7%和 88.9%。果蔬类食品加工过程中常常要经过烫漂工序，由于要用水，在沥滤时可能会引起某些矿物质的损失。例如：菠菜在烫漂沥滤中磷损失 36%，亚硝酸盐损失 70%（见表7-4）。

表 7-4　菠菜热烫处理对矿物质损失的影响

矿物质	含量/(g/100g)		损失率/%
	未热烫	热烫	
钾	6.9	3.0	56
钠	0.5	0.3	43
钙	2.2	2.3	0
镁	0.3	0.2	36
磷	0.6	0.4	36
亚硝酸根离子	2.5	0.8	70

（三）食品中其他成分对矿物质的影响

由于矿物质与食品中其他成分的相互作用而导致生物利用率的下降，是矿物质营养质量下降的另外一个重要原因。一些多价阴离子，如广泛存在于植物食物中的草酸、植酸等就能与二价金属离子如铁、钙等形成相应的盐，而这些盐的溶解度很低，在消化过程中很难被机体吸收利用，因此，它们对矿物质的生物效价是有很大的影响。表7-5给出了存在于几种植物食品中植酸的含量情况（以植酸磷表示），可见这些植物中磷酸盐多以植酸磷的形式存在，所以植酸的存在对这些农作物中矿物质的吸收存在副作用。

表 7-5   不同食品中的植酸磷含量   单位：g/kg 干物质

作　物	总　磷	植酸磷	作　物	总　磷	植酸磷
大米	3.5	2.4	豌豆	3.8	1.7
小米	3.5	1.91	大豆	7.1	3.8
小麦	3.3	2.2	土豆	1.0	0
玉米	2.8	1.9	燕麦	3.6	2.1
高粱	2.7	1.9	大麦	3.7	2.2

二、食品中矿物质的强化

在食品中补充某些缺少的或必需的营养成分称为食品的强化。从 20 世纪 30～40 年代起，欧洲、美国、日本等国家和地区即开始在食品中强化矿物质，以改变营养不平衡的状况。较早用碘强化盐，在面粉中及加工制作过程中加入钙、磷、铁等矿物质。此外，锌、硒、氟等元素的强化也得到重视。

我国目前在多种食品中或原料中强化钙、铁等矿物质，婴儿食品配方中加入了生长发育需要的多种矿物质。但是，在食品强化中必须遵循有关法律法规，注意矿物元素摄入的安全剂量，同时注意添加的矿物质的稳定性，以及矿物质是否会与食品中其他组分作用产生不良后果等问题。

复　习　题

1. 人体最易缺乏的矿质元素是哪几种，为什么？
2. 碘具有什么生理作用？如何增加人对碘的摄入？
3. 你认为最合理的补钙方法是什么？
4. 概述食品中矿物质损失的原因及强化方法。

第八章 色　　素

第一节 概　　述

1. 食品与色泽

人们评价一种好的食品，常常说它"色、香、味"俱全。食品的质量，除营养价值和卫生要求外，还要求具有较好的颜色和风味。而食品的色泽是对食品感官质量影响最大的因素，也是人们在鉴别食品质量优劣、判断食品是否新鲜和是否愿意购买的第一感觉。不论食品的营养、风味和质构如何好，只要色泽不良，人们就不会愿意接受。另外，在很多情况下，食品的价值是由它们的色泽所决定的。因此，良好的色泽可提高食品的经济价值和可接受性。人们对于食品色泽的喜爱，受文化、地理和社会观念等各种因素的影响。然而，不论地区的偏见或习俗如何，食品的色泽都是消费者是否选择这种食品的先决条件。

现代心理学研究发现，色泽会使人产生某种感觉联想。一种食品，尤其是新开发的食品，在色泽上能否吸引人，给人以美味可口的感觉，在一定程度上决定了对该产品的评价和它的销路。

2. 物质的颜色与结构

自然光是由不同波长的光组成，波长在 400～800nm 之间的光，人眼能够看到，叫可见光。波长小于 400nm 的光属于紫外光，波长大于 800nm 的光为红外光，均为不可见光。在可见光区内，不同波长的光能显示不同的颜色。从 800nm 开始到 400nm，随着波长降低，可见光的颜色依次为：红色、橙色、黄色、绿色、青色、蓝色、紫色。

第二节 食品中的天然色素

食品中的天然色素，一般是指自然界中原本存在，用物理或生物方法制得的眼睛能看到的有色物质或者原本无色但因发生化学反应而显现颜色的物质。食品中的天然色素，根据溶解性质可分为水溶性和脂溶性的色素；根据来源可分为植物色素、动物色素、微生物色素；根据化学结构可分为四吡咯衍生物、多烯类衍生物、多酚类衍生物、酮类衍生物、醌类衍生物等几种，另外，甜菜红也是一种应用广泛的天然色素。

下面按天然色素的化学结构分别介绍。

一、四吡咯衍生物

这类化合物，是由四个吡咯环的 α-碳原子通过次甲基（ —CH— ）相连而成的复杂共轭体系（也叫卟啉环），卟啉环呈平面型，在四个吡咯环中间的空隙里以共价键或配位键跟不同的金属元素结合，如在叶绿素中结合的是镁，而在血红素中结合的是铁，同时四个吡咯环的 β 位上还可以有不同的取代基。

（一）叶绿素

叶绿素是高等植物和其他能进行光合作用的生物体内所含有的一类绿色色素。叶绿素也是植物进行光合作用所必需的催化剂。

1. 叶绿素的结构

叶绿素是由叶绿酸、叶绿醇和甲醇构成的二醇酯，其分子结构如图 8-1 所示。叶绿素有 a、b、c、d 等几种，高等植物中叶绿素主要有 a、b 两种，当 3 位上的 R 为甲基时为叶绿素 a；为醛基时为叶绿素 b，通常 [a]∶[b]＝3∶1。

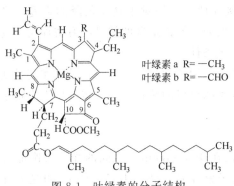

叶绿素 a R= —CH₃
叶绿素 b R= —CHO

图 8-1　叶绿素的分子结构

2. 叶绿素的性质

纯粹的叶绿素 a 是蓝黑色的粉末，熔点为 117～120℃，它的乙醇溶液呈蓝绿色，并有深红色荧光。叶绿素 b 是深绿色粉末，熔点为 120～130℃，它的乙醇溶液呈绿色或黄绿色，有红色荧光。叶绿素属于脂溶性色素，易溶于乙醇、乙醚、丙酮、氯仿等有机溶剂而难溶于石油醚，具有旋光活性。

（二）血红素

血红素是高等动物血液和肌肉中的红色色素，在活的动物机体中，它是呼吸过程中氧和二氧化碳的载体，肌红蛋白（Mb）和血红蛋白（Hb）的辅基。

1. 血红素结构

血红素通常以复合蛋白质的形式存在。血液中一分子血红素和四分子球蛋白结合而成血红蛋白（Hb），相对分子质量为 68000。而肌肉中一分子血红素和一分子球蛋白结合而成的肌红蛋白（Mb），相对分子质量为 17000。肌红蛋白的分子结构如图 8-2 所示。

2. 血红素的性质

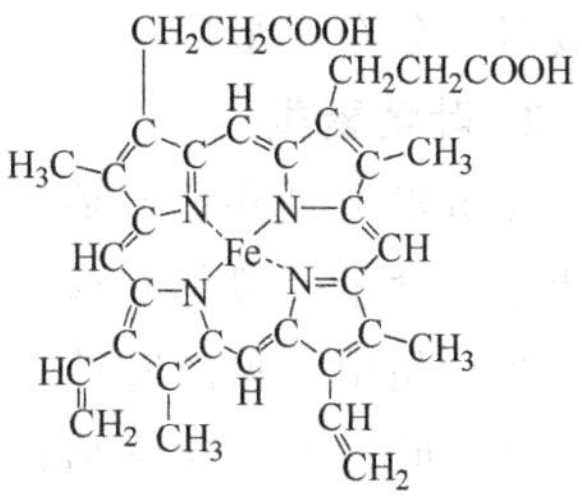

动物屠宰放血后，由于对肌肉组织供氧停止，所以新鲜肉中的肌红蛋白则保持还原状态，使肌肉的颜色呈稍暗的紫色。当鲜肉存放在空气中，肌红蛋白和血红蛋白与氧结合形成鲜红的氧合肌红蛋白和氧合血红蛋白。

图 8-2　肌红蛋白的分子结构

新鲜肉放在空气中，在表面上形成很薄一层鲜红的氧合肌红蛋白，接着是一层棕褐色的变肌红蛋白，最后一层是肌红蛋白。只要肌肉组织存在有还原物质，肌红蛋白就一直处在还原状态，当还原物质耗尽，肌红蛋白就被氧化成棕褐色的变肌红蛋白。新鲜肉放在空气中过久时，由于细菌繁殖生长，降低了氧的分压，致使肉表面氧合肌红蛋白氧化形成棕褐色的变肌红蛋白。这是新鲜肉长时间放置后颜色变暗的主要原因。

二、多烯类衍生物

多烯类色素是由异戊二烯残基单元组成的共轭双键为基础的一类色素，其中最早发现的是存在于胡萝卜中的胡萝卜素，因此多烯类色素又被称为类胡萝卜素。已知的类胡萝卜素达 300 种以上，颜色从黄、橙、红以至紫色都有，属于脂溶性色素，不溶于水，易溶于有机溶剂。

（一）多烯类色素的化学结构

类胡萝卜素分子中含四个异戊二烯单位，两端的两个异戊二烯是以首尾相连，中间的两个异戊二烯是尾尾相连，分子两端连接两个开链结构或两个环状结构或一个开链结构和一个环状结构。

1. 胡萝卜素类

大多数的天然类胡萝卜素类都可看作是番茄红素的衍生物，番茄红素结构如图8-3 所示。

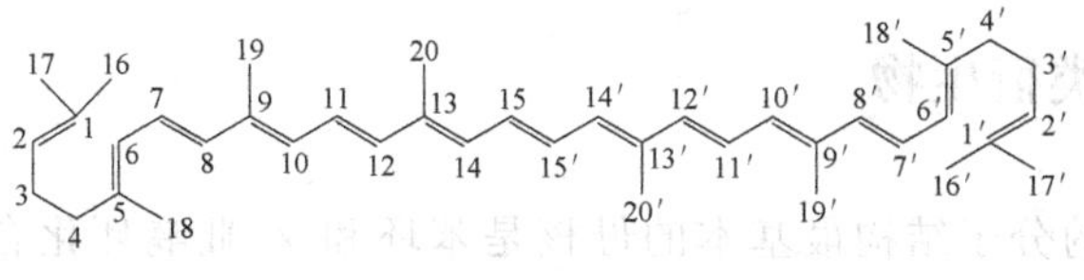

图 8-3　番茄红素的结构

番茄红素的一端或两端环化后，形成它的同分异构物 α-胡萝卜素、β-胡萝卜素及 γ-胡萝卜素。番茄红素及 α-胡萝卜素、β-胡萝卜素、γ-胡萝卜素都是食品中主要的胡萝卜素类色素，它们一般呈红色或橙色。番茄红素是番茄中的主要色素，也存在于西瓜、杏、桃、辣椒、南瓜、柑橘等水果中。胡萝卜中存在的主要是 α-胡萝卜素、β-胡萝卜素和少量番茄红素。在三种胡萝卜素中，β-胡萝卜素在自然界中含量最多，分布也最广。

2. 叶黄素类

叶黄素类是共轭多烯烃的含氧衍生物，多呈浅黄色、黄色及橙色。叶黄素在绿色叶子中含量一般是叶绿素的两倍。

在食品中常见的叶黄素主要有以下几种。

（1）叶黄素　化学名称为 3,3′-二羟基-α-胡萝卜素（$C_{40}H_{56}O_2$），广泛存在于绿色叶子中。

（2）玉米黄素　化学名称为 3,3′-二羟基-β-胡萝卜素（$C_{40}H_{56}O_2$），主要存在于玉米、辣椒、桃、柑橘、蘑菇中。

（3）隐黄素　化学名称为 3-羟基-β-胡萝卜素（$C_{40}H_{56}O$），主要存在于番木瓜、南瓜、辣椒、黄玉米、柑橘等中。

（4）番茄黄素　化学名称为 3-羟基番茄黄素（$C_{40}H_{56}O$），主要存在于番茄中。

（5）辣椒红素　在红辣椒中含量较大。

（6）辣椒玉红素　分子式为 $C_{40}H_{56}O_4$，也是红辣椒中的主要红色色素。

（7）柑橘黄素　化学名称为 5,8-环氧-β-胡萝卜素（$C_{40}H_{56}O$），主要存在于柑橘皮、辣椒等中。

（8）虾黄素　化学名称为 3,3′-二羟基-4,4′-二酮-β-胡萝卜素（$C_{40}H_{52}O_4$），主要存在于虾、蟹、牡蛎、昆虫等体内，与蛋白质结合时为蓝色。虾、蟹煮熟后蛋白质变性，虾黄素被氧化为砖红色的虾红素（4,4′,3,3′-四酮-β-胡萝卜素），分子式为 $C_{40}H_{50}O_4$。

（二）多烯类色素的性质

多烯类色素都属于脂溶性色素，几乎不溶于水、酒精或甲醇，大多易溶于石油醚。但它们的含氧衍生物则随其分子中含氧官能团的数目增多，亲脂性也随之减弱，在石油醚中的溶解度则随之减小，在酒精或甲醇中的溶解度则增大。食品中的多烯类色素经水洗损失很少。

三、多酚类衍生物

多酚类色素的分子结构最基本的母核是苯环和 γ-吡喃环化合而成的。因此亦称为苯并吡喃衍生物，其结构如图 8-4 所示。

多酚类色素在自然界中广泛存在于植物中，是一类主要的水溶性植物色素，最常见的有四种类型：花青素、花黄素、儿茶素和鞣质。

（一）花青素

花青素多与糖以苷的形式（称为花青苷）存在于植物细胞液汁中，植物的花、叶、茎及果实等的颜色主要就是由花青素形成的。

1. 花青素的结构

花青素的母核由苯并吡喃环与酚环组成,称为花色基元,其结构式如图 8-5 所示。在自然界中常见的是它的氯化物。

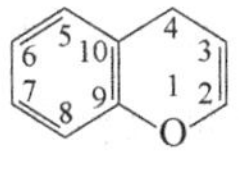

图 8-4 多酚类色素的母核结构

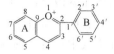

图 8-5 花色基元的结构

由于 B 环的各碳原子上取代基的不同(或为羟基或为甲氧基),而形成了各种不同的花青素,已知花青素有 20 种。

2. 花青素的性质

花青素通常用盐酸提取,得到氯化花青素。各种氯化花青素呈现深浅不同的红色,花青素的色泽与结构关系是:随着结构中的羟基数目的增加,紫蓝色逐渐加深;而结构中甲氧基数目增多,颜色则向红色方向移动;若在 5 位碳原子上形成糖苷键,其色泽趋向加深。

由于花青素分子中吡喃环上的氧原子为四价,使花青素具有碱性,但由于其结构中也含有酚羟基,所以花青素又具有酸性。这种性质使花青素的颜色随介质pH 值的改变而改变,其原因是在不同 pH 值条件下花青素的分子结构也发生改变。

花青素易与 Ca、Mg、Mn、Fe、Al 等金属离子络合,生成稳定的紫红色、蓝色或灰紫色等深色色素。花青素对光和温度很敏感,富含花青素的食品在光照下或在较高温度下很快会变成褐色。二氧化硫和抗坏血酸也可以使花青素褪色。

(二)花黄素

花黄素指黄酮类化合物及其衍生物,其母核结构是 2-苯基苯并吡喃酮。花黄素也是一类广泛分布于植物组织细胞中的水溶性色素,多呈浅黄色及至无色,橙黄色极少见。这类色素目前已知的有近 400 种。

1. 花黄素的化学结构

这类色素主要有黄酮、黄酮醇、黄烷酮和黄烷酮醇等几种,其结构如图 8-6所示。

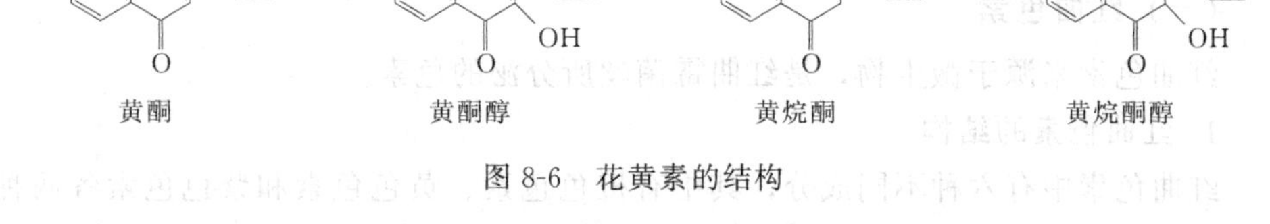

黄酮　　　　黄酮醇　　　　黄烷酮　　　　黄烷酮醇

图 8-6 花黄素的结构

花黄素往往以糖苷的形式广泛分布于植物组织中。成苷的位置在黄酮类的 3、

5、7 碳位上。成苷的糖主要有葡萄糖、鼠李糖、半乳糖、阿拉伯糖、木糖、芸香糖［β-鼠李糖（1→6）葡萄糖］、β-新橙皮糖［β-鼠李糖（1→2）葡萄糖］等。

2. 花黄素的性质

花黄素易溶于碱液（pH 11～12）生成查耳酮型结构的苯丙烯酰苯而呈黄色、橙色及至褐色。在酸性条件下，查耳酮又恢复为闭环结构，于是颜色消失。

花黄素在空气中久置，易氧化而成为褐色沉淀，这是果汁久置变褐生成沉淀的原因之一。

（三）儿茶素

1. 儿茶素的结构

茶叶中的儿茶素的基本母核是 2-苯基苯并吡喃衍生物，有 A、B、C 三个环核，其结构如图 8-7 所示。当 R＝R′＝H 时，B 环是儿茶酚基，则为儿茶素；当 R＝OH，R′＝H 时 B 环是焦性没食子酸基，则为没食子儿茶素。当

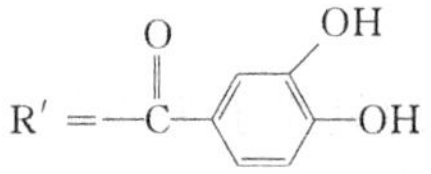

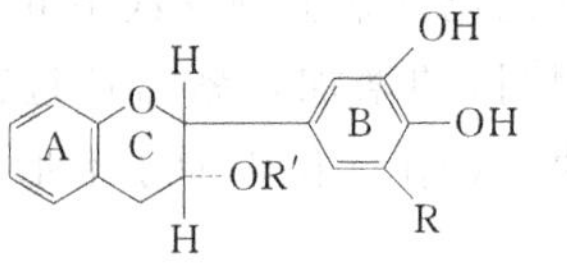

图 8-7 儿茶素的母核结构

R′＝ 时为没食子酸酯，是儿茶素与没食子酸发生酯化作用产生的，所以称为酯型儿茶素。而前两种类型称为非酯型儿茶素或游离儿茶素。

2. 儿茶素的性质

儿茶素是白色结晶，易溶于水、乙醇、甲醇、丙酮及乙醚，部分溶于乙酸乙酯及醋酸中，难溶于三氯甲烷和无水乙醚。儿茶素与三氯化铁生成绿黑色沉淀、遇醋酸铅生成灰黄色沉淀，可用于儿茶素的定性分析。

儿茶素分子中酚羟基在空气中容易氧化，称为儿茶素的自动氧化，它对茶叶的色泽影响很大，如绿茶茶汤放置时间较长，水色由绿变黄，经至变红，这就是儿茶素自动氧化的结果。茶叶在储存过程中，滋味变淡，汤色变深变暗，与儿茶素的自动氧化也有密切的关系。

儿茶素在高温、潮湿条件下容易自动氧化成各种有色的物质，在碱性溶液中更易发生自动氧化，同时也能被多酚氧化酶和过氧化酶氧化产生有色物质。

四、酮类衍生物

（一）红曲色素

红曲色素来源于微生物，是红曲霉菌丝所分泌的色素。

1. 红曲色素的结构

红曲色素中有六种不同成分，其中有橙色色素、黄色色素和紫色色素各两种。它们的化学结构如图 8-8 所示。

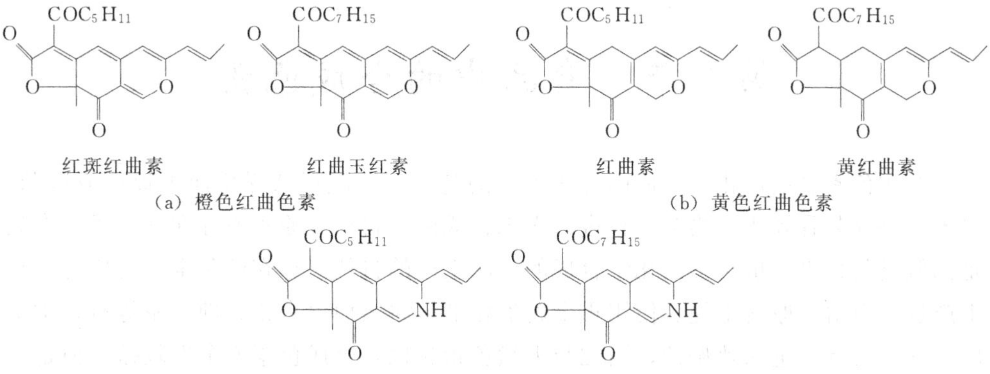

红斑红曲素　　红曲玉红素　　红曲素　　黄红曲素

（a）橙色红曲色素　　　　　　　（b）黄色红曲色素

红斑红曲胺　　　　红曲玉红胺

（c）紫色红曲色素

图 8-8　六种红曲色素的结构

以上六种色素成分的物理、化学性质互不相同，具有实际应用价值的是醇溶性的红斑红曲素和红曲玉红素。

2. 红曲色素的性质

① 对 pH 值稳定，色调不像其他天然色素那样易随 pH 值的改变而发生显著的变化。它的水溶液在 pH11 时呈橙色，pH12 时呈黄色，pH 值再上升则变色，但其乙醇溶液在 pH11 时仍保持稳定的红色。

② 红曲色素耐热性强，在 120℃ 以下对热比较稳定，pH 值为中性时红曲色素对热稳定性更好。

③ 红曲色素耐光性强。醇溶性的红曲色素对紫外线相当稳定，但在太阳光直射下色度则降低。

④ 几乎不受金属离子的影响。

⑤ 几乎不受氧化剂和还原剂如过氧化氢、维生素 C、亚硫酸等影响。

⑥ 对蛋白质的染着性很好，一旦染色后经水洗也不褪色。

红曲色素的安全性很高，而且性质稳定，是应用比较广泛的食用天然色素。

（二）姜黄素

姜黄素存在于多年生的草本植物姜黄根茎中，它是具有二酮结构的色素，结构式如图 8-9 所示。

纯姜黄素为橙黄色结晶粉末，易溶于冰醋酸和碱溶液，可溶于乙醇、丙二醇，不溶于水；在碱性溶液中呈红褐色，在中性或酸性溶液中呈黄色；不易被还原；易与铁离子结合而变色；对光和热的稳定性差；着色性较好，特别对蛋白质的着色力较强。

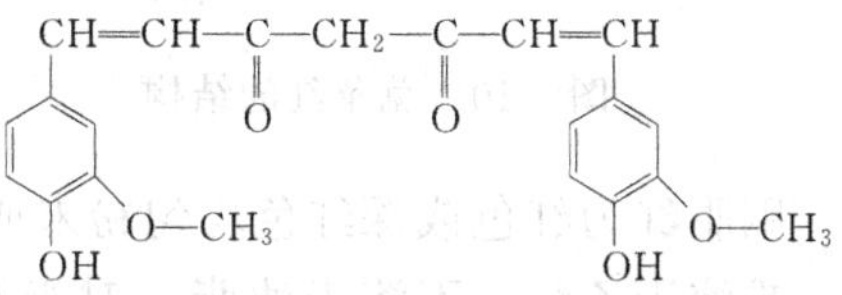

图 8-9　姜黄素的结构

第三节　食品中的合成色素

合成色素是指用化学合成的方法生产的色素，一般指从煤焦油中提取或以苯、甲苯、萘等芳香烃化合物为原料进行人工合成的、自然界原本不存在的色素，多数是偶氮类化合物，也包括用化学合成的方法生产的自然界存在的色素。合成色素在生产过程中由于原料不纯、使用重金属催化剂等原因而含有铅、砷、汞等有害重金属，并且具有一定的致癌性，因此与天然色素相比，合成色素安全性较差。但是合成色素的吸光强度大，少量使用即可产生相应的色泽，因此可以明显地降低生产成本，此外人工合成色素还具有性质稳定、色彩鲜艳、调色简便、着色力强等优点。本节重点讨论人工合成的、自然界原本不存在的合成色素。

我国目前允许使用的合成色素介绍如下。

1. 苋菜红

苋菜红的化学名称为 1-(4′-磺酸基-1′-萘偶氮)-2-萘酚-3,6-二磺酸三钠盐，又名食用红 2 号和蓝光酸性红，化学结构式如图 8-10 所示。

苋菜红为红褐色或暗红褐色均匀粉末或颗粒，无异味；易溶于水，水溶液为品红色；可溶于甘油，微溶于乙醇，不溶于油脂。

苋菜红对光、热和盐类较稳定，对柠檬酸、酒石酸等也比较稳定，但是在碱性溶液中易变成暗红色。此外这种色素对氧化还原作用敏感，不宜用于有氧化剂或还原剂的食品中（如发酵食品），只限用于糖果、糕点、饮料和配制酒。有研究报道它可能致癌、致畸和降低生育能力，我国规定苋菜红在食品中的最大允许加入量为 50mg/kg。

2. 胭脂红

胭脂红的化学名称为 1-(4′-磺酸基-1′-萘偶氮)-2-萘酚-6,8-二磺酸三钠盐，是苋菜红的异构体，又名食用红 1 号和丽春红，化学结构式如图 8-11 所示。

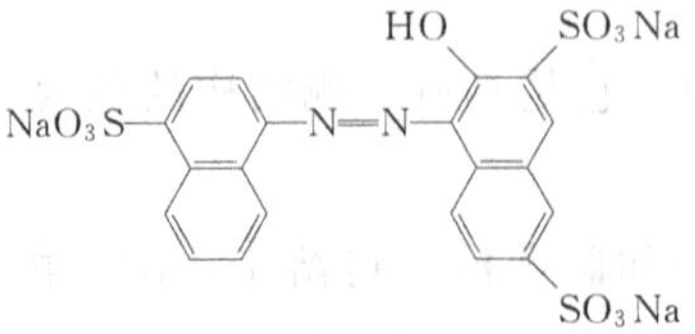

图 8-10　苋菜红的结构 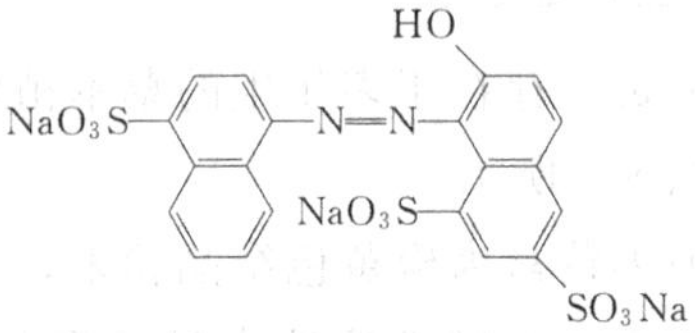　　　　图 8-11　胭脂红的结构

胭脂红为红色或深红色均匀粉末或颗粒，无异味，水溶液为红色。溶于水和甘油，难溶于乙醇，不溶于油脂。对光和酸较稳定，对柠檬酸、酒石酸等也比较稳定，但抗热性、耐还原性相当弱，遇碱变褐色，很易被细菌分解。着色力强，使用

安全性较高，用于多种非脂食品着色。我国规定胭脂红在食品中的最大允许加入量为 50mg/kg。

3. 赤藓红

赤藓红的化学名称为 2,4,5,7-四碘荧光素，又名樱桃红。化学结构如图 8-12 所示。

赤藓红为红色或红褐色均匀粉末或颗粒，无异味，水溶液为樱桃红色。易溶于水，可溶于乙醇、甘油和丙二醇，不溶于油脂。对热、碱和氧化还原剂较稳定，不易被细菌分解，但耐光性差，遇酸会产生沉淀。着色力强，安全性高。广泛用于糕点、糖果、什锦酱、口香糖和冰激凌等食品，我国规定其在食品中的最大允许加入量为 50mg/kg。

4. 新红

新红的化学名称为 2-(4′-磺酸基-1′-苯偶氮)-1-羟基-8-乙酰氨基-3,6-二磺酸萘三钠盐。化学结构式如图 8-13 所示。

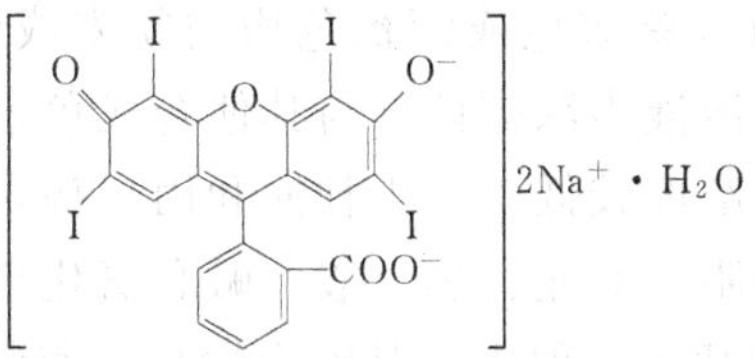

图 8-12 赤藓红的结构 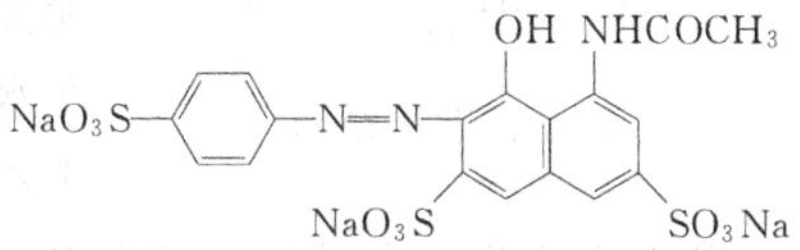　　　　　图 8-13 新红的结构

新红为红色均匀粉末，无异味，水溶液为清澈红色。易溶于水，微溶于乙醇，不溶于油脂。着色力与苋菜红类似，安全性较高。这种色素目前只在我国使用，多用于果味型饮料、果汁型饮料、汽水、配制酒、糖果、糕点的彩装、红绿丝、罐头、浓缩果汁、青梅等。最大允许加入量为 50mg/kg。

5. 日落黄

日落黄的化学名称为 1-(4′-磺酸基-1′-苯偶氮)-2-萘酚-6-磺酸二钠盐，化学结构式如图 8-14 所示。

日落黄为橙黄色均匀粉末或颗粒，无异味，水溶液为橙黄色。易溶于水、甘油，微溶于乙醇，不溶于油脂。对光、酸和热稳定，但耐还原性较差，遇碱则变红褐色，还原时褪色。着色力强，安全性较高。可单独或与其他色素混合使用，可用于饮料、糖果、配制酒等。我国规定其在食品中的最大允许加入量为 100mg/kg。

6. 柠檬黄

柠檬黄的化学名称为 3-羧基-5-羟基-1-(4′-磺基苯基)-4-(4″-磺基苯偶氮)-邻氮茂三钠盐，又名酒石黄，化学结构式如图 8-15 所示。

柠檬黄为橙黄色或橙色均匀粉末或颗粒，无异味，水溶液为黄色。易溶于水、甘油、丙二醇，微溶于乙醇，不溶于油脂。对光、热、酸、碱和盐类较稳定，但耐

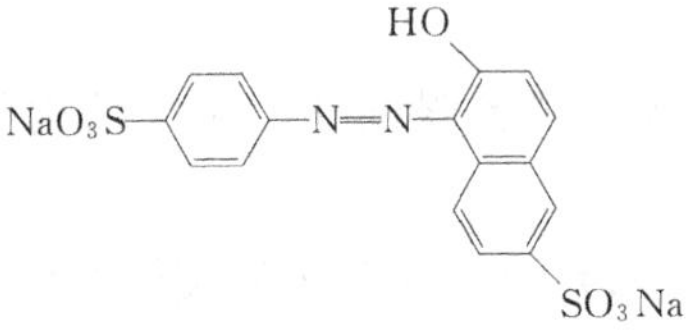

图 8-14 日落黄的结构

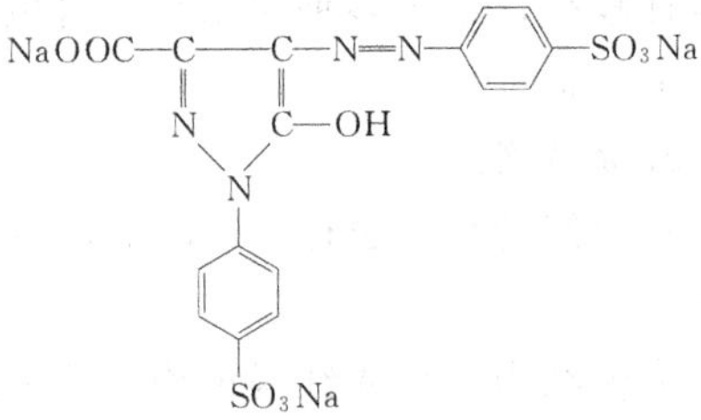

图 8-15 柠檬黄的结构

氧化性较差，还原时褪色，遇碱微变红。着色力强，安全性较高，在食品中使用最为广泛，主要用于饮料、糖果、蜜饯、罐头及糕点等的着色，我国规定其在食品中的最大允许加入量为 100mg/kg。

7. 靛蓝

靛蓝又名 3,3′-二氧-2,2′-联吲哚基-5,5′-二磺酸二钠盐，又名酸性靛蓝或磺化靛蓝，化学结构式如图 8-16 所示。

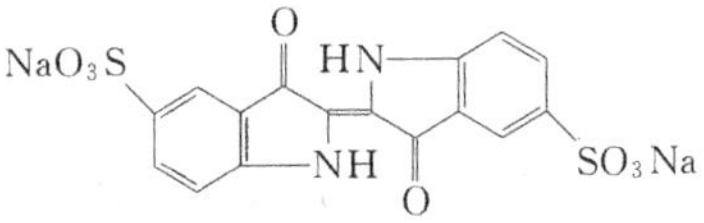

图 8-16 靛蓝的结构

靛蓝为深紫蓝色或深褐色均匀粉末或颗粒，无异味，水溶液为深蓝色。与其他合成色素相比在水中的溶解度较低，溶于甘油和丙二醇，不溶于乙醇和油脂。对光、热、酸、碱和氧化剂均较敏感，耐盐性较差，容易被细菌分解，还原时褪色。但由于其安全性高，着色能力强且色调独特，在食品中被广泛应用，还可和其他色素配合使用。我国规定其在食品中的最大允许加入量为 100mg/kg。

8. 亮蓝

亮蓝的化学名称为 {4-[N-乙基-N-(3′-磺基苯甲基)-氨基]苯基}-(2′-磺基苯基)-亚甲基-(2,5-亚环己二烯基)-(3′-磺基苯甲基)-乙基胺二钠盐，化学结构式如图 8-17 所示。

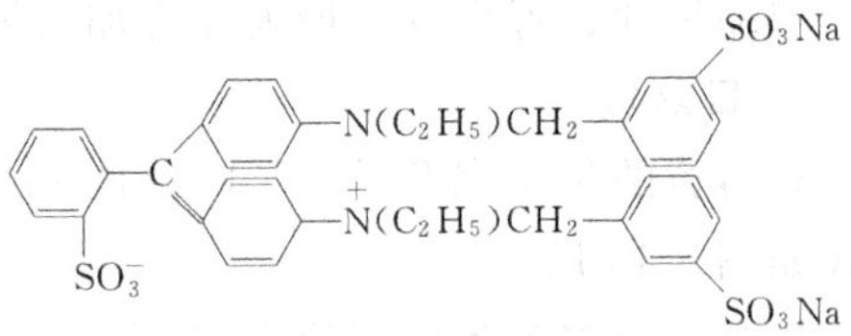

亮蓝为紫红色均匀粉末或颗粒，有金属光泽，无异味，水溶液为蓝色。易溶于水，溶于乙醇和甘油，不溶于油

图 8-17 亮蓝的结构

脂。对光、热、酸、碱和还原剂均较稳定，但在金属盐作用下会慢慢发生沉淀，可以被细菌分解。多用于饮料、糖果、配制酒和冰激凌等，我国规定其在食品中的最大允许加入量为 25mg/kg。

复 习 题

1. 简述食品色泽对食品品质的影响。

2. 天然色素有什么特点？食品中允许使用的天然色素有哪些？

3. 哪些天然色素在酸性条件下稳定？哪些在碱性条件下稳定？

4. 哪些天然色素对热稳定？

5. 哪些天然色素对光稳定？在使用时应注意什么？

6. 天然色素中哪些是水溶性的，哪些是脂溶性的？

7. 合成色素有什么特点？食品中允许使用的合成色素有哪些？

8. 天然色素与合成色素的区别？

9. 名词解释：生色基、助色基。

第九章 食品风味化合物

第一节 概　　述

人类对食物的需求，现不仅仅是为了满足生理上的需要（维持生命），还希望吃得营养健康，同时获得一种享受。具有良好的或独特的风味的食物，往往能给人带来愉快的精神享受，并影响到对营养物质的消化和吸收。一种食品的风味会直接影响到消费者对它的欢迎程度，从而影响到它的销量。因此，对食品风味的研究已成为食品科技工作者日益重要的任务。

人们对食品风味的理解通常以为是指食品的滋味或鼻子感觉到的香味，其实有一定的局限性。广义上的食品风味是指食物在进食前后对所有感官（包括味、嗅、触、视、听等）所产生的化学、物理、心理感觉的综合效应，如表 9-1 所示。

表 9-1　食品产生的感觉反应及分类

刺激物	感官反应	感觉分类
食物	化学感觉	味觉:甜、酸、苦、咸等 嗅觉:香、臭等
	物理感觉	触觉:硬、黏、热等 运动感觉:滑、干等
	心理感觉	视觉:色、形、状等 听觉:声音等

我国饮食文化源远流长，烹饪菜历来讲究质、色、香、味、形和器的统一。质指选择原料的质量和品种；色、香、味和形指食品原有的或经过加工的感官性质；器是食物的烹饪器皿和餐具。孔子曾说"不得其酱不食"，可见在战国时代就讲究调味。清代袁枚的《随园食单》中有"以味媚人"之说，强调风味的重要性。可见，我国大众的食品风味概念的涵义较广泛，它包括食品的色、香、味和形的综合感觉概念。

综上所述，食品风味是食物的客观性质作用于人的嗅觉和味觉等感觉器官所产生的综合感觉。前者取决于食物的来源、存储条件和加工技术等可变的客观因素；后者受人的生理、心理、健康状况、习惯、种族等主观因素和环境所左右。可见，对于食品的风味（即使限制在嗅觉和味觉的综合）的研究或评价，涉及生理、心理、生物、化学和物理等学科，受诸多因素的影响，因此是一个相当困难和复杂的研究领域。

第二节　风味物质的生理基础

一、味觉

(一) 味觉的概念与分类

味觉是指食物在人的口腔内对味觉器官化学感受系统的刺激并产生的一种感觉。不同区域的人对味觉的分类不一样。如日本分为：酸、甜、苦、辣、咸五类；欧洲各国和美国分为：酸、甜、苦、辣、咸、金属味六类；印度分为：酸、甜、苦、辣、咸、涩味、淡味、不正常味八类；中国分为：酸、甜、苦、辣、咸、鲜、涩七类。

从味觉的生理角度分类，只有四种基本味觉：酸、甜、苦、咸，它们是食物直接刺激味蕾产生的。辣味是食物成分刺激口腔黏膜、鼻腔黏膜、皮肤和三叉神经而引起的一种痛觉。涩味是食物成分刺激口腔，使蛋白质凝固时而产生的一种收敛感觉。这两种与基本味不同是物理感觉，但也可看作独立的味感。鲜味是由如味精（谷氨酸钠）与其他呈味物质配合产生的感觉。因此，有人把鲜味剂当作风味强化剂或增效剂，而不看作独立的味感。

(二) 味感的生理基础

大家都知道舌头可以感觉到食物的滋味。我们观察舌头会发现上面有许多小突起——乳头，是最重要的味感受器。乳头上分布有味蕾——味的受体，它像一个上面开孔的纺锤。中间有 5～18 个成熟的味细胞（寿命大约 6～8d）和一些未成熟的味细胞，同时还含一些支持细胞和传导细胞。味蕾有孔的顶端有许多微丝，长约 $2\mu m$，可吸附呈味物质。

婴儿有 10000 个味蕾，成人几千个，味蕾数量随年龄的增大而减少，对呈味物质的敏感性也降低。味蕾大部分分布在舌头表面的乳状突起中，尤其是舌黏膜皱褶处的乳状突起较密集。味蕾一般有 40～150 个味觉细胞构成，大约 10～14d 更换一次，味觉细胞表面有许多味觉感受分子，不同物质能与不同的味觉感受分子结合而呈现不同的味道。

舌表面味蕾的分布是不均匀的，不同味道引起刺激的味蕾数目不同，因此舌头各部位感觉不同味道的灵敏度不同。一般人舌的前部对甜味比较敏感，舌尖和边缘对咸味较敏感，

图 9-1　舌表面味蕾的分布

舌靠腮的两侧对酸味比较敏感，而舌根对苦最敏感（图 9-1）。人的味觉从呈味物质刺激到感受到滋味仅需 1.5～4.0s，比视觉（13～45s）、听觉（1.27～21.5s）、触觉（2.4～8.9s）都快。

味感形成过程：可溶性呈味物质刺激味细胞，这种刺激以脉冲形式由神经系统传至大脑产生味觉。

味的阈值介绍如下。

在四种基本味觉中，人对咸味的感觉最快，对苦味的感觉最慢，但对味觉的敏感性来讲，苦味比其他味觉都敏感，最易被察觉。对味感强度的测量和表达，一般采用品尝统计法，并采用阈值作为衡量标准。阈值是指感受到某种呈味物质的味觉所需要的该物质的最低浓度。常温下蔗糖（甜）为 0.1%，氯化钠（咸）0.05%，柠檬酸（酸）0.0025%，硫酸奎宁（苦）0.0001%。

根据阈值测定方法的不同，又可将阈值分为：绝对阈值——指人从感觉某种物质的味觉从无到有的刺激量；差别阈值——指人感觉某种物质的味觉有显著差别的刺激量的差值；最终阈值——指人感觉某种物质的刺激不随刺激量的增加而增加的刺激量。

对呈味物质的感受和反映，依动物的种类而不同，而且人与人之间也存在差异，受种族、习惯等因素影响，一般西欧比东方人味盲多。

（三）影响味感的主要因素

1. 呈味物质的结构

呈味物质的结构是影响味感的主要因素。通常糖类（如蔗糖葡萄糖等）多呈甜味，酸类（如柠檬酸、醋酸等）多呈酸味，盐类（如氯化钠、氯化钾）多呈咸味，生物碱和重金属盐多呈苦味。但也有例外，如糖精钠、乙酸铅等非糖有机盐也呈甜味，草酸有涩味而无酸味，碘化钾不显咸味而呈苦味。总之，物质结构与味感的关系很复杂，分子结构上的微小变化会使味感发生极大的变化。

2. 温度

一般随温度的升高，味觉加强，最适宜的味觉产生的温度是 10～40℃，30℃时最敏感，大于或小于此温度都将变得迟钝，不同的味感受到温度影响的程度也不相同，其中对糖精甜度的影响最大，对盐酸的影响最小。温度对呈味物质的阈值也有明显的影响。如 25℃时：蔗糖 0.1%，食盐 0.05%，柠檬酸 0.0025%，硫酸奎宁 0.0001%；0℃时：蔗糖 0.4%，食盐 0.25%，柠檬酸 0.003%，硫酸奎宁 0.0003%。

3. 浓度和溶解度

味感物质在适当浓度时通常会使人产生愉快感，而不适当的浓度则会使人有不愉快的感觉。浓度对不同味感的影响差别很大。一般情况下，甜味在任何被感觉到的浓度下都会给人愉快感；单纯的苦味多令人不快；而酸味和咸味在低浓度时使人有愉快感，高浓度时则使人感到不愉快。

呈味物质只有溶解后才能刺激味蕾。因此，其溶解度大小和溶解速度快慢，也会使味感产生的速度有快有慢，维持时间有长有短。如蔗糖易溶解，故产生甜味快，消失也快；而糖精较难溶，则味觉产生较慢，维持时间也较长。

4. 味的相互作用

两种相同或不同的呈味物质进入口腔时，会使二者呈味味觉都有所改变的现象，称为味的相互作用。

（1）味的对比现象　两种或两种以上的呈味物质，适当调配，可使某种呈味物质的味觉更加突出的现象，称为味的对比现象。如在 10% 的蔗糖中添加 0.15% 氯化钠，会使蔗糖的甜味更加突出，在醋酸中添加一定量的氯化钠可以使酸味更加突出，在味精中添加氯化钠会使鲜味更加突出。有人会感觉粗砂糖比纯砂糖甜，这是由于粗砂糖中有杂质存在。

（2）味的相乘作用　两种具有相同味感的物质进入口腔时，其味觉强度超过两者单独使用的味觉强度之和，称为味的相乘作用或协同效应。甘草铵本身的甜度是蔗糖的 50 倍，而与蔗糖一块使用时末期甜度能达到蔗糖的 100 倍。味精与核苷酸（I＋G）共同使用时，鲜味会成倍增加。在果汁、饮料中加入麦芽酚会使甜味增强。

（3）味的消杀作用　一种呈味物质能够减弱或抑制另外一种呈味物质味感的现象，称为味的消杀作用或拮抗作用。将蔗糖、奎宁、食盐、盐酸之中任两种适当浓度混合，结果任一种都比单独使用时味感更弱。在热带植物匙羹藤的叶子里含有匙羹藤酸，嚼过这种叶子后，再吃苦或甜的食物便不知其味，抑制时间达数小时，但对酸味、咸味无抑制作用。

（4）味的变调作用　两种呈味物质相互影响而导致其味感发生改变，这种现象称为变调作用或阻碍作用。刚吃过苦味的东西，喝一口水就觉得水是甜的。刷过牙后吃酸的东西会有苦味产生。在西非的热带森林里，生长着一种当地人们称之为"神秘果"的小乔木果实，只要吃下少许，4h 左右，如果再吃柠檬、大黄、苦橙、杨梅等酸苦味食物，都会觉得是甜的。这种变化经 30min 后逐渐消失。

（5）味的疲劳　当长期受到某种呈味物质的刺激后，就感觉刺激量或刺激强度减小的现象，称为味的疲劳现象。比如吃第一块糖时感觉很甜，再吃第二块、第三块糖时会感觉没有第一块糖甜。

（6）味的掩蔽现象　有两种或两种以上的刺激同时作用于一个受体时，强的刺激会抑制弱的刺激，使感觉器官对弱的刺激的敏感性下降或消失的现象，称为掩蔽现象。

二、嗅觉

我们能感觉到花香袭人，这是鼻子嗅到的美好感受，在生理学上称为嗅觉。嗅感是指挥发性物质刺激鼻腔嗅神经而在中枢神经中引起的一种感觉。它比味感更复杂、更敏感。从闻到呈香物质到产生嗅觉需 0.2~0.3s。嗅感形成的大致过程：刺激物分子与嗅细胞作用产生神经冲动传向嗅球，再经第二神经元传到大脑，经大脑识别产生。

嗅觉的主要特性有以下几方面。

(1) 敏锐　一些嗅感物质在很低的浓度下也会被人感觉到，据说个别训练有素的鉴评专家能区分 4000 种气味。某些动物的嗅觉连现代化仪器也赶不上，如狗、鳝鱼约为人的 100 万倍。

(2) 易疲劳、适应和习惯　当嗅球中枢神经长期受一种气味的刺激而陷入负反馈状态时，感觉便受到抑制而产生适应。当人的注意力分散时会感觉不到气味，时间长了便会对该气味形成习惯。疲劳、适应、习惯三种现象会同时作用，难以区分。

(3) 个性差异大　不同人的嗅觉差别很大，并且即使嗅觉敏锐的人也会因气味而异。有人认为女性一般比男性的嗅觉敏锐，对气味不敏感的极端便是嗅盲，这是由遗传产生的。

(4) 阈值会随人身体状况变动　人的身体状况对嗅觉有明显影响，如疲劳、营养不良、生病时，会引起嗅功能下降。

第三节　食品中的基本风味

一、甜味与甜味物质

甜味是普遍受欢迎的一种基本味。实验证明，新生儿对甜味就有愉快的反应，这是人类进化过程中形成的一种本能，因为天然的甜味物质多具有营养价值。甜味可改善食品的可口性和某些食用性。一说到甜味大家很容易联想到糖类，它是最具有代表性的天然甜味剂。

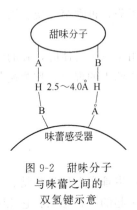

图 9-2　甜味分子
与味蕾之间的
双氢键示意

糖为什么有甜味呢？目前关于甜味感形成的理论最为流行的是夏氏学说，1967 年夏伦贝格尔（Shallenderger）在总结前人对糖和氨基酸研究成果的理论基础上提出了 AH-B 生甜团学说：甜味物质的分子中有一个电负性较大的原子 A，如氧或氮等，这个原子通过共价键连接着一个氢，组成 AH 基——质子供给基，如—OH，—NH$_2$，—NH 等。它们组成甜味化合物的 AH-B 结构叫做生甜基。实质上生甜基是一对具有酸性的氢键受体（AH）和具有碱性的氢键受体（B）所组成。

显然在味蕾感觉器内也应有 AH-B 结构，那么甜味分子与味感觉器之间通过双氢键而形成的分子复合可表示为如图 9-2 所示。

根据夏氏理论，糖的甜味感是因为它的椅式构象中可形成一个乙二醇单位，其中一个羟基（AH）的质子和另一个羟基上的氧原子（B）之间的距离约 3Å（1Å＝10^{-10} m），正好与味蕾感觉器上的 AH-B 单位通过双键吻合。

甜味理论自 20 世纪 60 年代末提出，目前尚未出现异议，这并不意味着它完美无缺。事实上有些甜味分子不含 AH-B 结构，不少含 AH-B 结构如某些氨基酸却不甜。又如氯仿甜而氟仿不甜，它们都含 AH-B 结构。综上所述，迄今人们对甜味感乃至其他感觉的研究结果，还是不能令人满意。

甜味剂是指赋予食品以甜味的食品添加剂。目前世界上使用的甜味剂近 20 种，有几种不同的分类方法：按其来源可分为天然甜味剂和人工合成甜味剂；以其营养价值来分可分为营养性和非营养性甜味剂；按其化学结构和性质分类可分为糖类和非糖类甜味剂等。

在甜味剂中，蔗糖、果糖和淀粉糖通常视为食品原料，习惯上统称为糖，在我国不作为食品添加剂。糖醇类的甜度与蔗糖差不多，或因其热值较低，或因其和葡萄糖有不同的代谢过程，而有某些特殊的用途，一般被列为食品添加剂（甜味剂）。非糖类甜味剂的甜度很高，用量极少，热值很小，有些又不参与代谢过程，常称为非营养性或低热值甜味剂，是甜味剂的重要品种。

影响甜度的主要因素有三方面。

① 浓度。一般，甜度随浓度的增大而提高，但不一定是线性关系，且不同甜味剂甜度提高程度不同。多数糖的甜度随浓度增高的程度都比蔗糖大，尤其是葡萄糖。另外，合成甜味剂在低浓度时呈甜味，高浓度时出现苦味。

② 温度。温度对甜味剂的影响因甜味剂的不同而不同，一般在较低温度范围内对多数糖的甜度影响大，对蔗糖和葡萄糖影响很小，对果糖影响十分明显。

③ 粒度。粒度不同的同种甜味剂会产生不同的甜度感觉。如，感觉绵白糖比粗砂糖甜，但它们相同浓度的水溶液甜度相同。因绵白糖粒径在 0.05mm 以下，粗砂糖粒径在 0.5mm 以上，绵白糖与唾液接触时溶解速度快，可很快达到较高浓度。

④ 味感物质的相互影响。将不同的甜味剂相互混合，有时会相互提高甜度。

（一）天然甜味剂

天然甜味剂从化学结构上可分为糖类、糖醇类、二氢查耳酮衍生物类、苷类和二肽衍生物五类。下面介绍几种常见的天然甜味剂。

1. 糖类

糖类是可供能的营养物质，糖可由单糖聚合而得，但只有低聚糖有甜味，且甜度随着聚合度的升高而降低直至消失。一般能形成结晶的都有甜味。

2. 糖醇类

糖醇类甜味剂属低热能甜味剂，品种很多，如山梨糖醇、麦芽糖醇、甘露糖醇和木糖醇等。它们的甜度与蔗糖相近。现就我国许可使用的山梨糖醇和麦芽糖醇简介如下。

(1) 山梨糖醇　在苹果、梨、葡萄以及红藻等植物中多有存在。工业上可由葡萄糖氢化制得，甜度约为蔗糖的一半，易溶于水，耐酸、耐热，且不易与氨基酸、蛋白质等反应发生褐变。摄入后在体内产热与蔗糖相近，但是食用在血液中不转化为葡萄糖，不受胰岛素制约，可作为糖尿病患者的甜味剂。还具有增稠，保湿，螯合等作用。

(2) 麦芽糖醇　可由麦芽糖氢化制得。甜度约为蔗糖的 85%～95%，易溶于水，稳定性高，在加热时也不与氨基酸、蛋白质发生褐变反应。摄入后不被消化、吸收，不会使血糖升高，不产生能量，是心血管病、糖尿病病人理想的甜味剂，安全性高，可用于面包、酱菜类、糖果、冷饮类、糕点、浓液果汁、饼干等食品。

3. 甘草

甘草是一种非糖天然甜味剂，也是我国常用的中药材之一，具有解毒保肝作用，我国民间常将其根茎干燥粉碎后使用。其甜味成分是甘草酸与二分子葡萄糖醛酸缩合成的甘草苷，这可进一步从甘草中提取制得，也可将其精制成钠盐。其甜度约为蔗糖的 200 倍（纯品甜度约为蔗糖的 250 倍）。甘草是我国传统使用的甜味剂，长期以来未见对人体有害。我国规定可在罐头、调味料、糖果、饼干和蜜饯（广式凉果）中按正常生产需要添加。

4. 甜菊糖苷

甜菊糖苷是由原产南美巴拉圭多年生草本植物甜叶菊的茎、叶干燥破碎后用水抽提制得，甜度约为蔗糖的 200 倍（纯品甜度约为蔗糖的 300 倍）。甜味较好，且存留时间长。在天然甜味剂中，品质最接近蔗糖，食后不被吸收，不产生热能，是糖尿病、肥胖症等患者理想的甜味剂。此外，还具有降低血压、促进代谢、防止胃酸过多等疗效。在第七次国际糖尿病会议上被认为是治疗糖尿病和高血压的优良制剂，且不被口腔微生物代谢，有防止龋齿作用。我国规定可在液体和固体饮料、糖果和糕点中按正常生产需要添加。

(二) 合成甜味剂

1. 糖精钠

糖精钠又名邻苯磺酰亚胺钠盐，是目前使用最多的合成甜味剂。在空气中会缓慢风化失去一个结晶水而成白色粉末。无臭或微有香气，未解离的分子呈苦味，在水中解离的阴离子有甜味，比甜度为 200～500，甜味阈值为 0.00048%，后味微苦，浓度大于 0.5% 时显苦味。本身无营养价值，食用后会从粪、尿中原形排出。不能用于婴儿食品。

2. 甜蜜素

甜蜜素易溶于水，水溶液呈中性，不溶于有机溶剂。比甜度为 50，对热、光、空气及较宽的 pH 值均稳定，无吸湿性，不易受微生物污染。无营养价值，毒性小。

3. 安赛蜜

安赛蜜易溶于水，不溶于乙醇等有机溶剂。比甜度为 200，无不愉快后味，高浓度略带苦味，甜度不随温度上升而下降。

二、苦味与苦味物质

人对苦味最为敏感，相对其他味觉而言，苦味会使人产生不愉快的感觉，往往让人感到有毒而遭拒食。但是苦味在调味和生理上都有重要意义，当与甜、酸或其他味感调配得当，能形成一些食物的特殊的良好风味。如苦瓜、白果、莲子、可可、咖啡、茶叶、啤酒等都有苦味，但被视为美味食品。苦味还可以通过对味感受器的强烈刺激，恢复或提高各种味觉感应器对味觉物质的敏感性，来增进食欲。药品中的苦味健胃剂正是利用这个原理。

分析苦味物质的化学结构，一般都含有下列一种原子基团：$—NO_2$、$=N$、$—SH$、$—S—$、$—S—S—$、$—SO_3H$、$=C=S$。含 Ca^{2+}、Mg^{2+}、NH_4^+ 的无机盐也有苦味。苦味同甜味一样，依赖于分子的立体结构，都受分子特性的制约，从而产生苦味或甜味感觉，糖分子必须含有两个可以由非极性基团补充的极性基团，而苦味分子只要求有一个极性基团和一个非极性基团。

大量研究发现，碳水化合物分子中碳原子数与其分子中所含有的亲水羟基数的比值 R 与呈味有关，R 小于 2 呈甜味，R 大于 7 则无味，R 在 2～7 呈苦味。如 $R=5.2$ 的牛黄胆酸、甘氨胆酸极苦，$R<2$ 的胆醇、己糖、戊糖等呈甜味。

食品中常见的苦味物质如下。

1. 咖啡碱、可可碱及茶碱

咖啡碱、可可碱及茶碱都属于嘌呤类衍生物，是食品中主要的生物碱类苦味物质。都有兴奋中枢神经的作用。

咖啡碱主要存在于咖啡和茶叶中，茶叶中约含 0.5%～1%。纯品为针状结晶，易溶于热水，能溶于水、乙醇、乙醚、氯仿。性质较稳定，在茶叶加工过程中损失不大。

可可碱在可可中含量最高，茶叶中约含 0.05%，纯品为白色微小的粉末结晶。能溶热水，难溶于冷水、乙醇，不溶于乙醚。

茶碱在茶叶中含量约 0.002%，是可可碱的异构体，无色针状结晶，有绢丝光泽。易溶于沸水，微溶于冷水。

2. 柚皮苷和新橙皮苷

柚皮苷和新橙皮苷主要存在于柑橘类果实中，在未成熟的果皮中含量更高。柚皮苷的纯品比奎宁还苦，检出阈值可低达 0.002%。从化学结构说它们都属黄酮苷类。黄酮苷类的苦味与分子中糖苷基的种类相关，当新橙皮糖苷基水解后，失去苦味。可用酶水解法分解柚皮苷和新橙皮苷来除去橙汁、柚汁的苦味。

3. 胆汁

胆汁是动物肝脏分泌的一种消化液，储存在胆囊中，极苦。刚分泌的胆汁为金黄色清澈的略带黏性的液体，pH 为 7.8～8.5，进入胆囊后因脱水、氧化等原因，变为暗绿色，pH 为 5.5。其主要成分为胆红素、胆酸、鹅胆酸、脱氧胆酸。胆汁对蛋白质的吸附力极强，一旦沾在动物体上很难洗掉。

4. 奎宁

奎宁可作为苦味感标准物质，盐酸奎宁的阈值约为 10mg/kg。苦味能与其他味感调和带来清凉兴奋的感觉。

三、酸味与酸味物质

酸味是动物进化最早产生的一种化学味感，人类早就对酸味产生了好的适应性。酸味是食品的重要风味，适当酸味给人爽快的感觉，可增进食欲，并促进人体对营养素的消化、吸收。

酸味是 H^+ 刺激味蕾中的味细胞产生的一种感觉。一般食品 pH 在 1.0～8.4（表 9-2），唾液 pH 在 6.7～6.9，呈弱酸性。日常生活中大多数食品 pH 在 5.0～6.5，无酸味感；pH 在 3.0～5.0，有酸味感，若 pH 小于 3.0 时，则酸味极重，难以入口。

表 9-2　部分常见食品的 pH 值

品　　名	pH	品　　名	pH
柠檬	2.2～2.4	葡萄	3.5～4.5
苹果	2.9～3.3	胡萝卜	4.9～5.2
橘子	3.0～3.4	菠菜	5.1～5.7
樱桃	3.2～4.1	食醋	2.4～3.4
面粉	6.0～6.5	牛乳	6.4～6.8

酸味剂的阈值与 pH 值的关系是：无机酸的酸味阈值在 pH 值 3.4～3.5 之间，有机酸的酸味阈值在 pH 值 3.7～4.9 之间。

酸味感持续时间的长短并不与 pH 成正比，而与酸味剂的解离速度有关，解离速度越慢，酸味持续时间越长，一般有机酸较无机酸酸味持续时间长，无机酸解离速度快，酸味会很快消失。

在相同的 pH 值下，有机酸的酸味感强于无机酸。酸味剂解离出 H^+ 后的阴离子 A^-，也影响酸味。酸度强弱由 H^+ 与 A^- 共同决定，在相同的 pH 值下酸味强度不同，如乙酸＞甲酸＞乳酸＞草酸＞盐酸。

而各种酸相互区别的酸味味感是 A^-（酸根）决定的。根据酸味剂分子结构上的羟基、羧基、氨基的有无，数目的多少，以及在分子结构中所处的位置，形成不同的酸味。按其口感（愉快感）的不同可分成：令人愉快的酸味剂，如柠檬酸、抗坏血酸、葡萄糖酸和 L-苹果酸；伴有苦味的酸味剂，如 DL-苹果酸；伴有涩味的酸味剂，如磷酸、乳酸、酒石酸、偏酒石酸、延胡索酸；有刺激气味的酸味剂，如乙酸；有鲜味的酸味剂，如谷氨酸。

与其他味觉间的相互作用：酸味剂与甜味剂间有消杀作用，两者易相互抵消，故食品加工中需控制一定糖酸比，糖及少量盐可使酸味增加；加大量盐，酸味减弱。酸味剂与涩味物混合，酸味增强。

常见的几种酸味物质介绍如下。

1. 柠檬酸

又名枸橼酸，是使用最广的酸味剂。无水柠檬酸为白色结晶，一水柠檬酸为无色半透明晶体，易风化和吸潮。酸味圆润、滋美，但后味延续较短。刺激阈的最大值为 0.08%，最小值为 0.02%。工业上可用黑曲霉发酵法生产，在柑橘类及浆果类水果中含量最多，并且大都与苹果酸共存。

2. 苹果酸

无色针状结晶，易溶于水、乙醇。酸味较柠檬酸强约 20%，爽口，略带刺激性，稍有苦涩感，呈味时间也长，与柠檬酸合用可增强酸味。几乎一切果实中都含有，以仁果类中最多，工业上常用合成法生产。

3. 酒石酸

无色晶体，易溶于水、乙醇。酸味较柠檬酸、苹果酸都强，约是柠檬酸的 1.3 倍，口感稍涩，多与其他酸并用。有三种异构体，即 D-型、L-型、DL-型，存在于许多水果中，以葡萄中含量最多。

4. 磷酸

磷酸是唯一用于食品的无机酸，为无色透明的浆状液体，无臭，极易溶于水、乙醇，酸味是柠檬酸的 2.3～2.5 倍，有强烈的收敛感和涩味。单独使用时风味差，使用不多，常用于可乐型饮料。

5. 乳酸

因最初从酸乳中发现，故得此名。有三种异构体，即 D-型、L-型、DL-型。是世界公认的三大有机酸之一，存在于酸奶、泡菜、血液、啤酒等中。它的用途广泛，风味独特且有一定保健作用。

四、咸味与咸味物质

俗话说："厨师手里一把盐"，可见咸味对食品的调味十分重要。

很多盐呈现咸味（表 9-3），尤其是中性盐，但只有 NaCl 的咸味最为纯正，其他盐呈咸味同时伴有不同程度的副味。因此，最常用的咸味剂是 NaCl。

表 9-3　各种盐的咸味

味　　感	盐　的　种　类
咸味	$NaCl$、KCl、NH_4Cl、$NaBr$、NaI、Na_2CO_3、KNO_3
咸苦味	KBr、NH_4I
苦味	$MgCl_2$、$MgSO_4$、KI、$CsBr$
不快味兼苦味	$CaCl_2$、$Ca(NO_3)_2$

咸味是由盐解离生成的离子作用于味感觉受器的结果。从化学结构上看,阳离子产生咸味,阴离子抑制咸味,在阴离子中,氯离子对咸味抑制最小,它本身无味,较复杂的阴离子不但抑制阳离子的味道,其本身也产生味道。就无机盐来说,阳离子和阴离子质量越大,副味越大。

某些有机酸盐如苹果酸钠、葡萄糖酸钠,也有类似食盐的咸味,但其咸味均低于食盐(苹果酸钠的咸度约为食盐的 1/3),常用于不可食用食盐的肾脏病、糖尿病患者的调味品。

国外已开发出新型食盐代用品,如 Zyest 等。Zyest 为酵母型咸味剂,咸味纯正度同食盐,可用谷物酒精连续加工发酵生长培养酵母,再由酵母制取。

五、鲜味与鲜味物质

鲜味是一种复杂的综合味感,当鲜味剂的用量高于其单独检测阈值时会使鲜味增加;当用量小于阈值时,仅增强风味,因此欧洲各国和美国常将其作为风味添加剂。

常用的鲜味剂有:味精、呈味核苷酸二钠(I+G)、干贝素、L-丙氨酸、甘氨酸,以及水解植物蛋白、酵母提取物等。

(一)氨基酸类(第一代鲜味剂)

1. L-谷氨酸一钠

L-谷氨酸一钠俗称味精,是谷氨酸的一钠盐。谷氨酸也有类似于味精的鲜味。在 pH=3.2(等电点)时,鲜味最低;pH=6 时,几乎全部解离,鲜味最高;在 pH=7 以上时,鲜味消失,因形成了二钠盐。因此,味精不宜在碱性食品中使用。

味精不溶于有机溶剂,微溶于乙醇,易溶于水。70~90℃时味精在水中的溶解最充分,在酸性环境中溶解较差。因此从溶解性考虑,味精不宜在低温和酸性食品中使用。

味精在 100℃以上长时间加热会部分分解,150℃以上加热会失水生成焦谷氨酸钠,不但鲜味降低,且对身体有害。因此,味精忌高温使用。

2．L-丙氨酸、甘氨酸

两种氨基酸都同样具有甜味和鲜味。经常用作其他鲜味剂的复合增效剂。另外，在汤料、咸菜及水产制品中添加甘氨酸可产生出浓厚的甜味，并去除咸味、苦味。

（二）核苷酸类（第二代鲜味剂）

1．I＋G

I＋G是新一代鲜味剂。鲜度是味精的200多倍。I＋G是肌苷酸二钠（IMP）和鸟苷酸二钠（GMP）以1∶1的比例混合制成。IMP呈鸡肉鲜味，鲜度为味精的40多倍；GMP呈香菇鲜味，鲜度为味精的160多倍。

呈味核苷酸二钠会被磷酸酯酶降解，导致失去鲜味。而酶类在80℃情况下会失去活性，因此，在使用这类鲜味剂时，应先将生鲜动、植物食品加热至85℃将酶钝化后再加入。

2．琥珀酸二钠

琥珀酸二钠又名干贝素，琥珀酸及其两种钠盐（琥珀酸一钠和琥珀酸二钠）都有贝类鲜味。通常只有琥珀酸二钠（干贝素）作鲜味剂使用。在调味中，干贝素除了用于调制海鲜、贝类鲜味外，主要用作其他鲜味剂的复合增效剂。

（三）新型鲜味剂

1．植物蛋白水解物（HVP）

植物蛋白水解物是指在酸或酶的作用下，水解含蛋白质的植物组织（如大豆）得到的产物。由于水解得较彻底，其中富含各种人体所需氨基酸、多糖类营养物质，在调味时表现出强烈的甘鲜味。尽管如此，与单体鲜味剂相比，水解植物蛋白口感还是较好的。

2．动物蛋白水解物（HAP）

动物蛋白水解物是指用物理或者酶法，水解富含蛋白质的动物组织（如畜、禽的肉、骨及鱼等）而得到的产物。不但保留了原料的营养成分，而且由于蛋白质被水解为小肽和游离的L-型氨基酸，易溶于水，利于消化吸收，且原有风味更突出。

3．酵母提取物

酵母抽提物是以食用酵母为原料，采用生物技术将酵母细胞内的蛋白质、核酸等成分进行生物降解，精制而成的一种营养型功能性天然调味剂。其主要成分为氨基酸、呈味核苷酸、多肽、B族维生素及微量元素。酵母提取物具有纯天然、营养丰富、味道鲜美、香味醇厚等优点。

（四）鲜味剂之间的协同增效效应

鲜味剂之间存在显著的协同增效效应。就是说在两种以上的鲜味剂按一定比例复合使用时，表现出的效果不是简单的叠加效应，而是相乘的增效。因此，在实际调味过程中，鲜味剂都是按不同的比例复合到一起使用。市场上的"味特鲜"就属于这种复合鲜味剂。

以上是对鲜味剂特性的简单介绍。了解了这些特性，在调味时，我们就可以根据需要来选择合适的鲜味剂，并确定鲜味剂之间的比例。

调味开始之前，我们首先要确定哪些鲜味剂是可以用的，哪些是不可以用的；采用的鲜味剂中哪些需要突出，哪些只是起辅助作用。比如：调鸡味产品时就要多突出 IMP 的鸡肉鲜味，同时尽量少使用味精。因为鸡产品本身就有很自然、舒适的鲜美口感，加入味精不但起不到好的作用，反而会使鸡风味显得不自然，会给人一种不真实的感觉。如果产品口感比较单一，厚味不足时可以增加酵母提取物的用量，然后辅以其他几种鲜味剂。但是，在产品特征风味混杂不突出的情况下，单一靠鲜味剂来增味是不够的。因为鲜味剂起的是增味作用，并不会改变产品的风味特征。所以首先要调整产品风味特征，去除杂味，增加特征风味，然后再辅以鲜味剂来增味，才会取得较满意的效果。

六、辣味

辣味常由香辛料中的一些成分引起，是一种尖利的刺痛感和特殊的灼烧感的总和。它不仅刺激舌和口腔的触觉神经，同时也会刺激鼻腔，有的甚至对皮肤也有灼烧感。适当的辣味可增进食欲，促进消化液分泌，广泛用于食品调味。

辣椒中的类辣椒素，胡椒中的胡椒碱，花椒中的花椒素属热辣味物质在口中能引起灼热感觉；姜、肉豆蔻、芥子苷、丁香等所含的辛辣味物质除辣味外还伴有强烈的挥发性芳香物；葱、蒜、韭菜、芥末、萝卜等所含的刺激辣味物质除能刺激舌、口腔黏膜外还能刺激鼻腔、眼睛。

七、其他味

1. 涩味

多酚类化合物是引起涩味的主要化合物，其次金属铁、明矾、醛类等物质也有涩味，有些水果蔬菜中存在的草酸、香豆素、奎宁酸等也会引起涩味。

柿子在未成熟时呈现出典型的涩味，涩味成分是以无色花青素为基本结构的糖配体，属多酚类化合物，易溶于水。

茶叶中也含有较多的多酚类化合物，但因加工方法的不同它们涩味程度也不相同，如红茶的涩味不如绿茶的强，因红茶在发酵时多酚类被氧化而减少。

2. 清凉味

薄荷带来的清凉风味是因其含有清凉风味物 L-薄荷醇。此外留兰香中的 L-香芹酮，桉树叶中的桉叶素等也能产生清凉感。一些糖的结晶在唾液中溶解时会吸收大量的溶解热，产生清凉感，如木糖醇、山梨醇的结晶，但它们并不含清凉风味物。

第四节　各类食品中的风味化合物

一、果蔬的香气成分

蔬菜中风味物质主要是一些含硫化合物，水果的香味主要以有机酸酯和萜类为主，其次是醛类、醇类、酮类和挥发酸。

(一) 蔬菜的香气成分

除少数外，蔬菜的总体香气较弱，但气味却多样，百合科蔬菜（葱、蒜、洋葱、韭菜、芦笋等）具有刺鼻的芳香。它们最重要的风味物是含硫化合物，它们以具有强扩散香气为特征。当在外力作用下使这些植物组织破碎，它们的风味和香味化合物的前体 S-(1-丙烯基)-L-半胱氨酸亚砜会和相应的酶（蒜氨酸酶）作用，而使前体物质迅速水解，产生一种不稳定的次磺酸中间体以及氨和丙酮酸盐，其中次磺酸再重排即生成催泪物硫代丙醛-S-氧化物，呈现出洋葱风味，丙酮酸盐是一种性质稳定的产物，形成葱头加工产品的风味。不稳定的次磺酸还可以重排和分解成大量的硫醇、二硫化物、三硫化物和噻吩等化合物。这些化合物对经加工后的葱头风味也起到有利作用，有二丙烯基二硫醚（洋葱气味）、二烯丙基二硫醚（大蒜气味）、2-丙烯基亚砜（催泪而刺激的气味）和硫醇（韭菜中的特征气味物之一）。

风味酶实际是酶的复合体，而不是单一酶。利用提取的风味酶可以再生、强化以至改变食品的香气。从什么原料提取的风味酶就可以产生该原料特有的香气。例如用从洋葱中提取的风味酶处理干制的甘蓝，得到的是洋葱的气味而不是甘蓝的气味。

十字花科蔬菜（卷心菜、芥菜、萝卜、花椰菜等）具有辛辣气味，最重要的风味物也是含硫化合物，常常刺激鼻腔，产生催泪效果。在这种食物组织破碎以及烹煮时作用更加明显。产生的风味主要是硫葡糖苷酶作用于硫葡糖苷前体所产生的异硫氰酸酯所引起的。例如：卷心菜中的硫醚、硫醇和异硫氰酸酯及不饱和醇与醛为主体风味物，萝卜、芥菜和花椰菜中的异硫氰酸酯是主要的特征风味物。

伞形花科蔬菜（胡萝卜、芹菜、香菜等）具有微刺鼻的特殊芳香与清香，风味物质以萜烯类气味物地位突出，它们和醇类及羰基化合物共同组成主要气味贡献物，形成有点刺鼻的清香。但芹菜的特征香气物是3-丁烯苯酞、丙酮酸酰-3，顺-己烯酯和丁二酮。

葫芦科和茄科中的黄瓜和番茄具青鲜气味，是 C_6 或 C_9 的不饱和醇和醛。例如青叶醇和黄瓜醛；青椒、莴苣（菊科）和马铃薯具有青鲜气味，有关特征气味物包括吡嗪类。例如：青椒特征气味物主要是2-甲氧基-3-异丁基吡嗪，马铃薯特征气味物之一是 3-乙基-2-甲氧基吡嗪，莴苣的主要香气成分包括 2-异丙基-3-甲氧基吡嗪和 2-仲丁基-3-甲氧基吡嗪。青豌豆的主要香气成分是一些醇、醛和吡嗪类。罐装青刀豆的主要香气成分是 2-甲基四氢呋喃、邻甲基茴香醚和吡嗪类化合物。

香菇类蘑菇中风味前体物香菇多糖酸，是一个结合成 γ-谷氨酰胺肽的 S-取代 L-半胱氨酸亚砜。在风味形成过程中，首先是香菇多糖酸经酶水解释放出半胱氨酸亚砜前体（蘑菇糖酸），然后蘑菇糖酸受到 S-烷基-L-半胱氨酸亚砜裂解酶作用，生成具有活性的风味化合物（蘑菇香精），组织破坏后才发生这些反应，而风味是在干燥和复水或新鲜组织短时间浸渍时出现的。

除上述内容以外，还有蔬菜中产生泥土香味的甲氧基烷基吡嗪挥发物，脂肪酸的酶作用产生的挥发物，支链氨基酸产生的挥发物等。

（二）水果的香气成分

水果香气物质类别较单纯，主要包括萜、醇、醛和酯类。

柑橘中萜、醇、醛和酯皆较多，但萜类最突出，是特征风味的主要贡献者。例如，甜橙中的巴伦西亚橘烯、金合欢烯及桉叶-2-烯-4-醇，红橘中的麝香草酚（百里香酚）、长叶烯、薄荷二烯酮、柠檬中的 β-甜没药烯、石竹烯和 α-萜品烯等。

西瓜、甜瓜等葫芦科果实的气味由两大类气味物支配，一是顺式烯醇和烯醛，二是酯类。

苹果、梨、桃、李的芳香成分主要为有机酸和醇产生的酯类。

香蕉的芳香物质主要是醋酸异戊酯和醋酸丁酯。

葡萄的芳香物质主要是氨茴酸甲酯。

由于分析手段的进步，近年来已分析出葡萄的香气成分多达 78 种，草莓的有 150 种以上，而桃子的香气中含有苯甲醛、苯甲醇、α-萜二烯、γ-癸内酯、γ-十二酸内酯及乙酸己酯等。它们都是在植物代谢过程中产生的，一般其香气随果实成熟而增强，但经人工催熟的果实远没有自然成熟的果实中含有的香气成分多。

二、肉及其制品的香气成分

（一）肉中的香气成分

肉类是人体所需的蛋白质、维生素和矿物质的主要来源，也是人类膳食的重要组成部分。我们日常生活中见到的肉的品种不同，其肉香也有显著的种属差异，如牛、羊、猪和鱼肉的香气各具特色。但总的来说，生肉的风味很清淡，而加工过的熟肉香气浓烈。主要是肉中的蛋氨酸、丙氨酸、半胱氨酸等与一些羰基化合物反应生成乙醛、硫化氢、甲硫醇。这些化合物经过加热生成 1-甲硫基乙硫醇，同时，肉类中的糖经加热分解后还能生成 4-羟基-5-甲基-2-呋喃等化合物，脂肪热解也可以产生一些香气物质，正是这些化合物构成了肉香的主体成分。

但由于种属差异，不同肉所含脂肪、羰基化合物成分不一样，特别是不同的加工方式如煮、炒、烤、炸、熏和腌等得到的熟肉香气也存在一定差别。如炸鸡肉香气主要由羰基化合物和含硫化合物组成。主体香气成分为 2,4-二烯癸醛、硫化甲基、乙硫醇、甲基二硫化合物等。焖羊肉的羊膻味就是羊脂加热分解所产生，主要成分为 4-甲基辛酸和 4-甲基壬酸，多数人经验所得，具羊膻味的肉烤食比煮食味更鲜美。

但若在加工过程中不注意风味物质的保留，很可能使风味物质分解而失去其特有的风味。如鸡肉香气的特异性与它含有更多的中等碳链长度的不饱和羰基化合物相关。若去除掉 2 反,4 顺-癸二烯醛和 2 反,5 顺-十一碳二烯醛等风味物，鸡肉的独特香气就失去了。

经研究，各种熟肉中关键而共同的三大风味成分为硫化物、呋喃类和含氮化合物，另外还有羰基化合物、脂肪酸、脂肪醇、内酯、芳香族化合物等。

知道肉的风味物质之后，我们就可以在食品加工过程中添加适量的这些具有肉香的化合物来改进食品的风味。

（二）鱼气味

新鲜鱼有淡淡的清鲜气味。这是由于鱼体内含较丰富的多不饱和脂肪酸受内源酶作用而产生的中等碳链长度不饱和羰化物发出的气味。例如 1,5-辛二烯-3-酮就是这类成分之一。商品鱼带有逐渐增多的腥气。这是因为鱼死后，在腐败菌和酶的作用下，体内固有的氧化三甲胺转变为三甲胺，ω-3 不饱和脂肪酸转化为 2,4-癸二烯醛和 2,4,7-癸三烯醛，赖氨酸和鸟氨酸转化为六氢吡啶及 δ-氨基戊醛和 δ-氨基戊酸的结果。熟鱼肉中鲜味成分丰富，由高度不饱和脂肪酸转化产生的气味物相对丰富，但由于鱼肉质构易受热破坏，加工中受热时间比其他动物肉的短，所以与家畜和家禽熟肉的风味差异最大。

鱼类在拥有清鲜气味的同时，也存在鱼腥味，主要是由于鱼类组织中糖含量低，在屠宰后 pH 值下降得较少，一般为 6.0～6.6，不利于防止微生物的生长，鱼体氧化三甲基胺还原成三甲胺，产生鱼腥味。随着鱼类存放时间的延长，鱼腥味越浓。在微生物作用下，鱼体内赖氨酸逐渐分解成尸胺、氮杂环己胺、δ-氨基戊醛、δ-氨基戊酸，使鱼具有很重的腥臭味。

三、焙烤食品的香气成分

人们熟悉焙烤食品所散发出来的愉快的香气。如面包的表皮风味、爆米花香味、焦糖风味、糕点香味、花生和芝麻香气、坚果风味、爆竹气味等都是这类风味。通常产生这种风味的原因有两种：一是食品原料中香气成分受热后挥发出来的；另外就是原料中的糖与氨基酸受热时发生化学反应产生香气物质。

通常，当食品色泽从浅色变为金黄色时，这种风味达到最佳，当继续加热使色泽变褐时就出现了焦糊气味和苦辛滋味。

焙烤香气似乎是综合特征类香气。据报道，焙烤可可中已测出 380 种以上香气成分，烘烤咖啡豆中已测出 580 种以上香气成分，炒花生中已测出 280 种以上的香气成分，炒杏仁中已测出 85 种香气成分，烤面包中已测得 70 多种羰基化合物和 25 种呋喃类化合物及许多其他挥发物质。

不同焙烤或烘烤食品中气味物质的种类各不相同，但从大的类别看，多有相似之处。比如，它们多富含呋喃类、羰基化合物、吡嗪类、吡咯类及含硫的噻吩、噻唑等。

四、发酵食品的香气成分

利用酵母及乳酸菌等微生物，可在发酵制品中产生浓郁的香味。

常见的发酵食品包括酒类、酱类、食醋、发酵乳品、香肠等。

我国酿酒历史悠久，名酒极多，如茅台酒、五粮液、泸州大曲等。中国食品发酵工业研究所对名酒进行气相色谱分析，其结果是泸州大曲的主要呈香物质为己酸乙酯及乳酸乙酯，而茅台酒的主要呈味物质是乙酸乙酯及乳酸乙酯。

在各种白酒中已鉴定出 300 多种挥发成分，包括醇、酯、酸、羰基化合物、缩醛、含氮化合物、含硫化合物、酚、醚等。前一类成分多样，含量也最多。其中乙醇和挥发性的直链或支链饱和醇是最突出的醇，乙酸乙酯、乳酸乙酯和己酸乙酯是主要的酯，乙酸、乳酸和己酸是主要酸，乙缩醛、乙醛、丙醛、糠醛、丁二酮是贡献大的羰基化合物（见表 9-4）。

表 9-4 大曲酒与茅台酒的挥发成分　　　　　单位：mg/100mL

成 分	大 曲	茅 台	成 分	大 曲	茅 台
乙醇	0.036	0.049	β-苯乙醇	痕量	0.003
丙醇	0.003	0.004	甲酸乙酯	痕量	痕量
β-羟基丁酮	0.006	0.008	乙酸乙酯	0.064	0.139
甲醇	0.003	0.003	丁酸乙酯	痕量	痕量
正丙醇	0.009	0.0073	异戊酸乙酯	痕量	痕量
正丁醇	0.005	0.006	己酸乙酯	0.172	0.017
异丁醇	0.008	0.012	乳酸乙酯	0.104	0.080
仲丁醇	0.001	0.004	壬酸乙酯	0.007	0.014
叔丁醇	痕量	痕量	癸酸乙酯	0.015	0.003
正戊醇	痕量	痕量	丙二酸乙酯	痕量	痕量
异戊醇	0.031	0.048	琥珀酸乙酯	痕量	痕量
仲戊醇	0.002	0.001	月桂酸乙酯	痕量	痕量
叔戊醇	痕量	痕量	肉豆蔻酸乙酯	痕量	痕量
正己醇	0.002	痕量	醋酸异戊酯	0.050	0.053
正丙醇	0.002	痕量	醋酸异丁酯	—	0.004

啤酒也已鉴定出 300 种以上的挥发成分。但总体含量很低，对香气贡献最大的是醇、酯、羰基化合物、酸和硫化物。

发酵葡萄酒中香气物更多（350 种以上），除了醇、酯、羰基化合物外，萜类和芳香族类的含量比较丰富。

酱油的香气物包括醇、酯、酸、羰基化合物、硫化物和酚类等。醇和酯中有一部分是芳香族化合物。

食醋中酸、醇和羰基化合物较多，其中乙酸含量高达 4% 左右。

面包的风味物也包括酵母活动的产物，但许多微生物活动产生的挥发物在焙烤中挥发损失，而焙烤过程中又产生了大量焙烤风味物。总之，面包的香气物包括醇、酸、酯、羰基化合物、呋喃类、吡嗪类、内酯、硫化物及萜烯类化合物等。

五、水产品的香气成分

水产品是指那些生长在水体中的可食用的动植物食品，人们通常说的"山珍、海味"等都是水产品，是上等的上桌好菜。各种水生生物，有的生长在江河湖海，有的生长在汪洋大海。从生物学的角度来看，它们可划分为鱼、贝、软体动物和藻类等。每一种水产品的风味特点也因其新鲜程度、死活和加工条件的不同而有所变化。

水产品风味所涉及的范围比畜禽肉类食品更为广泛。主要是因为一方面水产品的品种更多，不仅包括动物种类的鱼类、贝类、甲壳类等不同品属，而且还包括某些水产植物种类。另一方面，水产品的风味品质随新鲜度变化也比其他食品更为明显。目前对水产品风味的研究资料相对较少，许多领域尚未涉及。

但就已知的领域来说水产品的风味成分有两大类，一类是挥发性的含香化合物，另一类是水溶液的呈味物质。挥发性化合物是生物体中的前体物质经过酶、菌和氧的生化和化学反应产生的；呈味物质主要是核苷酸、氨基酸和无机盐等。

第五节　食品中香气形成的途径

食品中香气形成的途径，大体上分为：生物合成、酶直接作用、酶间接作用以及高温分解作用等。表 9-5 列出了不同的香气形成途径。

香蕉、苹果和梨等水果香气的形成是较典型的生物合成过程。

所谓酶直接作用是指单一酶与前体物直接反应产生香气物质。葱、蒜和卷心菜等香气形成就是属于这种作用。

红茶浓郁香气的形成是酶间接作用的典型例子。儿茶酚酶氧化儿茶酚形成邻醌或对醌，醌进一步氧化红茶中氨基酸、胡萝卜素及不饱和脂肪酸等，从而产生特有的香味。

表 9-5　食品中香气形成机制的类型

类　型	说　明	举　例
生物合成	直接由生物合成形成的香气成分	以萜烯类或酯类化合物为母体的香味物质如薄荷、柑橘、甜瓜和香蕉中的香味物质
直接酶作用	酶对香味前体物质作用形成香味成分	蒜酶对亚砜作用形成洋葱香味
氧化作用（间接酶作用）	酶促生成氧化剂对香味前体物质	羰基及酸类化合物使香味增加，如红茶
高温分解作用	加热或烘烤处理使前体物质成为香气成分	由于存在吡嗪(咖啡、巧克力)、呋喃(面包)等而使香味更加突出
微生物作用	微生物作用将香味前体转化而成香气成分	酒、醋、酱油等的香气形成
外加赋香作用	外加增香剂或烟熏的方法	由于加入增香剂或烟熏使香气成分渗入到食品中而呈香

多数食品在加热过程中都会产生诱人的香气，例如花生、芝麻、咖啡、面包等植物性食品或红烧肉、红烧鱼等，加热产生的香气，主要是糖和氨基酸反应，然后再经降解反应，生成各种有气味的挥发性物质。此外油脂、含硫化合物（维生素 B_1、含硫氨基酸）等的热分解也能生成各种特有的香气。

发酵类食品或调味品，如黄酒、面酱、食醋、豆腐乳、酱油、发酵类面点等，都是通过微生物作用于糖类、蛋白质、脂类及原料中某些风味前体而产生呈香物质的。因此发酵制品的各种香气成分还决定于原料的种类及所含的化学成分。如酒中醇类的形成就是微生物作用的典型例子，酒中乙醇是己糖在酵母作用经发酵而产生，戊醇和异戊醇是由酵母分解正亮氨酸和异亮氨酸而生成。

还有很多食品是通过外加增香剂或其他方法（如烟熏法）使香气成分渗入到食品的表面和内部而产生香气。如面点中常用薄荷香精使糕团带有清凉的薄荷香气等。烟熏制品主要是通过木材加热分解产生的气味物质挥发后，通过烟雾与食物接触，一方面烟雾传热使肉本身的风味前体生香；另一方面烟雾的各种挥发性成分通过扩散、渗透、吸附进入肉中，使肉产生烟熏味。

功物性水产品的风味主是由它们的嗅感香气和鲜味共同组成。其鲜味成分主要有 5′-肌苷酸（5′-IMP）、氨基酰胺及肽类、谷氰酸钠（MSG）及琥珀酸钠等。除了氨基酰胺和肽、MSG 由蛋白质水解产生外，5′-IMP 则是由肌肉中的三磷酸腺苷降解而得到。当水产动物死亡后，体内的 ATP 即发生分解生成 ADP 和 AMP，AMP 进一步降解产生 IMP。一般鱼类完成这个过程的熟化时间很短，如果从死亡到加工或烹调的时间过长时，IMP 会进一次降解为无味的肌苷，甚至会形成有苦味的次黄嘌呤。乌贼、章鱼、贝壳等由于体内不含有 AMP 脱氢酶，故不能产生IMP。它们的鲜味是由其他成分如氨基酸、肽、酰胺和琥珀酸等综合形成的，这些水产品另有独特的风味。

第六节　食品加工中香气的调控

一、香气的生成及损失

食品呈香物质形成的基本途径有两种，一种是由于生物体直接生物合成，占一少部分，另外一种是通过在储存和加工中的酶促反应或非酶促反应而生成。这些香气的前体物质大多来自于食品中的成分，如蛋白质、糖类、脂肪以及核酸、维生素等。因此，从营养学的观点来考虑，食品在储藏加工过程中生成香气成分的反应是不利的。

储藏加工过程使食品的营养成分受到相应的损失，尤其使一些人体自身无法合成的氨基酸、脂肪酸和维生素等受损。如果这些反应控制不当，甚至还会产生抗营养的或有毒性的物质，如稠环化合物等。

如果从食品工艺的角度来看，食品在加工过程中产生风味物质的反应既有有利的一面，也有不利的一面。前者如可以提高食品的风味等，后者如可能降低食品的营养价值、产生不良的构变等。具体情况，还要根据食品的种类和加工工艺条件的不同来具体分析。例如，对于花生、芝麻等油料作物加工的食物的烘烤过程，其营养成分尚未受到较大破坏之前即已获得良好香气，而且这些食物在生鲜状态也不大适于食用，因而这种加工受到消费者欢迎。对咖啡、可可、茶叶或酒类、酱、醋等食物，在发酵、烘焙等加工过程中虽然其营养成分和维生素损失较大，但同时也形成了良好的香气特征，而且消费者一般不会对其营养状况过于关心，所以这些变化也是有利的。又如，对粮食、蔬菜、鱼肉等食物来说，它们必须经过加工才能食用。若在不很高的温度、受热时间不长的情况下，营养物质损失不多而同时又产生了人们喜爱、熟悉的香气，人们也是可以接受的。有些烘烤或油炸食品，如面包、饼干、烤猪、烤鸭、炸油条等，其独特香气虽然受到人们的偏爱，但如果长时间在高温条件下烘烤油炸，会使其营养价值大为降低，尤其是一些重要的氨基酸如赖氨酸的明显减少，也会让消费者有所担心。美拉德反应虽然可以产生诱人的色泽和良好的风味，但却会引起营养成分的严重破坏，尤其是青少年在成长过程中所需的一些必需氨基酸会产生供应不足现象。

二、香气的控制

针对这些问题的解决，世界各国都很重视对食品香气的控制、稳定和增强等方面的研究。

（一）酶的控制作用

一般认为，对酶产生呈香物质的作用主要有下列两个途径：一是在食品加工中加入特定的酶，可以使食品生成特定的香气成分，例如在蔬菜脱水加工时黑芥子硫苷酸酶、蒜氨酸酶等失去了活性，导致香气损失，可以将黑芥子硫苷酸酶液加入干燥的蔬菜中，就能得到和加工前大致相同的香气；二是在食品中加入特定的去臭酶，除去有些食品中含有少量的具有不良气味的成分，以达到改善食品香气的目的。例如，大豆制品中的豆腥气味，用化学或物理方法完全除掉相当困难，而利用醇脱氢酶和醇氧化酶来将这些物质氧化，便有可能完全除去豆腥味。

（二）微生物的控制作用

可以利用微生物的作用来抑制某些气味的生成。例如，脂肪和家禽肉在储藏过程中会生成气味不良的低级脂肪醛类化合物，一种叫 Pseudomonas 的微生物，能抑制部分低级脂肪醛的生成，并且还会使过氧化物的含量降低。

三、香气的增强

目前主要采用两种途径来增强食品香气。一种是加入食用香精以达到直接增加香气成分的目的。另外一种是加入香味增效剂，提高和改善嗅细胞的敏感性，加强香气信息的传递。香味增效剂类型多样，呈现出的增香效果也不同：有的增香效果较为单一，只对某种食品有效果；有的增香范围广泛，对各类食品都有增香效果。目前在实践中应用较多的主要有麦芽酚、乙基麦芽酚、MSG、IMP、GMP 等。

麦芽酚和乙基麦芽酚都是白色或微黄色针状结晶，易溶于热水。

麦芽酚和乙基麦芽酚目前在各种食品中都已得到广泛应用。作为食品香料使用，一般用量较大，常在 200mg/kg 以上，若用量增至 500mg/kg 效果更显著，它会使食品产生麦芽酚固有的香蜜饯般的香气和水果香气。在 5～150mg/kg 之间，它能对某一主要成分的香气起增效作用，例如氨基酸有明显增加肉香的作用，加到天然果汁中可明显提高该水果的独特风味。作为甜味增效剂使用，能减少食品中的糖用量，并可去掉其中加入糖精后的苦涩味感，对于某些必须减糖的疗效食品有效果。

等量的乙基麦芽酚和麦芽酚，乙基麦芽酚的增香作用约为麦芽酚的 6 倍。

复 习 题

1. 什么是广义上的食品风味？
2. 四种基本味是什么？说明各自在舌头上的敏感部位。
3. 影响味感的主要因素有哪些？

4．说明食品中常用的甜味剂、酸味剂、鲜味剂的特点及应用。

5．简述果蔬的呈香机理及香气形成的主要影响因素。

6．简述食品香气物质的形成途径。

7．简述植物性和动物性食品香气及其主要成分。

8．简述食品香气调控的方法。

9．列举食品中常用的几种香气增强剂及其在食品中的应用。

第十章　食品添加剂

第一节　概　　述

一、食品添加剂的定义

食品添加剂的使用可以追溯至一万年以前，但食品添加剂这一专业术语却是随着现代食品工业的发展才出现的。由于各国的饮食习惯不同，食品添加剂的使用种类和范围也各不相同，不同国家根据本国的食品法的规定，对食品添加剂下的定义也不尽相同。

我国《食品卫生法》规定食品添加剂的定义是："为改善食品品质和色、香、味以及防腐和加工工艺的需要而加入食品中的化学合成或天然物质。"可见，食品添加剂是有目的、直接加入食品中去的物质，显然，它不包括食品中的污染物。使用食品添加剂的目的是为了保持食品质量、增加食品营养价值、保持或改善食品的功能性质、感官性质和简化加工过程等。

二、食品添加剂的分类及选用原则

（一）食品添加剂的分类

食品添加剂有多种分类方法，如可按其来源、功能、安全性评价的不同等来分类。各国对食品添加剂的分类方法差异较大，使用较多的是按其在食品中的功能来分类。其实，按使用功能划分类别的方法也并非十分完善，因为不少添加剂并不只具有单一的功能，例如抗坏血酸既是广泛使用的水溶性食品的抗氧化剂，同时又是营养强化剂；脂溶性抗氧化剂丁基羟基茴香醚（BHA）同时具有相当强的抗菌能力等。因此，按使用功能分类时，就只能考虑主要使用它哪一功能和习惯来划分了。多数国家与地区将食品添加剂按其在食品加工、运输、储藏等环节中的功能分为以下六类。

① 防止食品腐败变质的添加剂，有防腐剂、抗氧化剂、杀菌剂。

② 改善食品感官性状的添加剂，有鲜味剂、甜味剂、酸味剂、色素、香料香精、发色剂、漂白剂、抗结块剂。

③ 保持和提高食品质量的添加剂，有组织改进剂、面粉面团质量改良剂、膨

松剂、乳化剂、增稠剂、涂膜剂。

④ 改善和提高食品营养的添加剂，有维生素、氨基酸、无机盐。

⑤ 便于食品加工制造的添加剂，有消泡剂、净化剂。

⑥ 其他功能的添加剂，有酸化剂、酶制剂、酿造用添加剂、防虫剂等。

根据我国《食品添加剂使用卫生标准》（GB 2760—1996），将食品添加剂分为22类。它们是：①防腐剂；②抗氧化剂；③发色剂；④漂白剂；⑤酸味剂；⑥凝固剂；⑦疏松剂；⑧增稠剂；⑨消泡剂；⑩甜味剂；⑪着色剂；⑫乳化剂；⑬品质改良剂；⑭抗结剂；⑮增味剂；⑯酶制剂；⑰被膜剂；⑱发泡剂；⑲保鲜剂；⑳香料；㉑营养强化剂；㉒其他。美国 FDA 规定的有 32 类，欧盟有 9 类，日本将食品添加剂划分为 25 类。

在食品添加剂的各种分类方法中，按功能、用途的分类方法最具有实用价值，因为分类的主要目的是便于按食品加工的要求快速地查找出所需要的添加剂。但此分类方法既不宜将添加剂分得过细，也不宜分得太粗。过细，会使同一物质在不同类别中重复出现的概率过高，给食品添加剂使用带来一些混乱；太粗，对食品添加剂的选用也存在较大困难。因此，应以主要用途适当分类为宜。

（二）食品添加剂的选用原则

随着食品工业的发展，人们食用的食品品种越来越多，追求的色、香、味、形、营养等质量要求越来越高，随食品进入人体的添加剂数量和种类也越来越多。在日常生活中，普通人每天常摄入几十种食品添加剂（表10-1），因此食品添加剂的安全使用极为重要。理想的食品添加剂应该是对人体有益无害的，但目前大多数食品添加剂是通过化学合成或溶剂萃取得到的，往往有一定的毒性，所以在选用时要非常小心。

表 10-1　各类食品中使用的食品添加剂

食品名称	添加剂类型	添加剂品种
豆腐	凝固剂	氯化钙、氯化镁、硫酸钙、葡萄糖酸-δ-内酯
	品质改良剂	聚磷酸钠、甘油脂肪酸酯、蔗糖脂肪酸酯
	消泡剂	硅酮树脂
火腿香肠	发色剂	亚硝酸钠、硝酸钠
	发色助剂	烟酸酰胺、抗坏血酸钠、赤藓糖酸钠
	增味剂	L-谷氨酸钠、5′-肌苷酸钠、5′-鸟苷酸钠、琥珀酸钠
	防腐剂	山梨酸及其盐类
	营养强化剂	维生素 A、维生素 B_1、维生素 B_2
酱油	调味剂	氨基酸类、酵母抽提物
	防腐剂	对羟基苯甲酸钠、苯甲酸及其盐类
方便面	抗氧化剂	BHA、BHT
	营养强化剂	无机盐
	糊料	酪蛋白酸钠、聚丙烯酸钠
冰激凌	乳化剂	甘油脂肪酸酯、蔗糖脂肪酸酯、山梨糖醇酐脂肪酸酯
	稳定剂	明胶、海藻酸钠、羧甲基纤维素钠
	香料	合成香料、天然香料、植物浸膏
	着色剂	β-胡萝卜素
	甜味剂	糖醇类、罗汉果甜味剂

总体来讲，在选用食品添加剂时，要注意以下几点。

① 各种食品添加剂都必须经过一定的安全毒理学评价。生产、经营和使用食品添加剂应符合卫生部颁发的《食品添加剂使用卫生标准》和《食品添加剂卫生管理办法》，以及国家标准局颁发的《食品添加剂质量规格标准》。此外，对于食品营养强化剂应遵照我国卫生部颁发的《食品营养强化剂使用卫生标准》和《食品营养强化剂卫生管理办法》执行。

② 鉴于有些食品添加剂具有一定的毒性，应尽可能不用或少用，必须使用时应严格控制使用范围及使用量。

③ 食品添加剂应有助于食品的生产、加工和储藏等过程，具有保持营养成分、防止腐败变质、改善感官性状和提高产品质量等作用，而不应破坏食品的营养成分，也不得影响食品的质量和风味。

④ 食品添加剂不能用来掩盖食品腐败变质等缺陷，也不能用来对食品进行伪造、掺假等违法活动。

⑤ 选用的食品添加剂应符合相应的质量指标，用于食品后不得分解产生有毒物质，用后能被分析鉴定出来。

⑥ 选用食品添加剂时还要考虑价格低廉，使用方便、安全，易于储藏、运输和处理等因素。

三、食品添加剂在食品工业上的应用

民以食为天，食品是人类赖以生存和发展的重要物质基础，同时食品工业也是国民经济的一个重要支柱行业。在我国，食品行业的年产值长期居于各行业的前列，而食品工业发展的一个重要基础就是食品添加剂，正如食品添加剂的定义所言，食品添加剂是为改善食品的品质和色香味以及为防腐和加工工艺的需要而加入食品中的天然和化学合成物质。众所周知，单纯天然食品原料制作出的食品无论是其色、香、味还是质构和保藏性都不能满足消费者的需要，没有食品添加剂也就没有现代食品工业。因此有人认为食品添加剂是食品工业的灵魂。随着食品工业的飞速发展，人们对食品的色香味、品种、新鲜度等方面提出更高的要求，必须开发更多更好的新食品来满足人们的需求，食品添加剂在这方面发挥了重要作用。

概括起来，食品添加剂在食品工业中有如下作用。

(1) 用于开发食品新资源　当前世界人口增加非常迅速，各种食物缺口较大，而粮食又是重要的工业原料，因此为满足人类对食物的需要，就要全力开发各种新的食物资源。要对其进行开发研究，就需要添加各种食品添加剂和一些其他物质，以制成供人类食用并符合各项要求的新型产品。

(2) 用于提高食品质量　食品必须能引起人们的食欲，使人们得到视、嗅、味觉的满足和享受，才能为人们所接受。但不少现代或传统食品并不都是营养、卫生、感觉方面的理想产品，而且一种营养丰富、品质优良的原料，只用一般的加工往往也达不到色泽鲜美、香味可口的程度。这时使用添加剂就能改良食品的形态和组织结构。对食品进行有效的加工，并安全地保存食品，这对于提高食品营养价值和产品质量，科学利用食物资源，改进人民生活水平是非常有效的。

（3）有利于食品加工　在制糖工业中添加乳化剂，可缩短糖膏煮炼时间，消除糖缸中的泡沫，进而提高糖果的产量。使用食品添加剂能充分保护有限的食物资源，在食物、食品的储存过程中需要食品添加剂以减少各种损失。例如：在油脂中加入抗氧化剂以防油脂氧化变质。

（4）有利于综合利用　各类食品添加剂可以使原来被认为只能丢弃的东西重新得到利用并开发出物美价廉的新型食品，例如：食品厂制造罐头的果渣、菜浆经过回收，加工处理，而后加入适量的维生素、香料等添加剂，就可制成便宜可口的果蔬汁。又如利用生产豆腐的豆渣，加入适当的添加剂和其他助剂，就可以生产出膨化食品。

四、食品添加剂的安全性

食品添加剂最重要的是安全和有效，其中安全性最为重要。要保证食品添加剂使用安全，必须对其进行卫生评价，这是根据国家标准卫生要求，以及食品添加剂的生产工艺、理化性质、质量标准、使用效果、范围、加入量、毒理学评价及检验方法等做出的综合性的安全评价，其中最重要的是毒理学评价。食品添加剂的使用存在着不安全性的因素，有些食品添加剂不是传统食品的成分，对其生理生化作用我们还不了解，或还未做长期全面的毒理学试验等。有些食品添加剂本身虽不具有毒害作用，但由产品不纯等其他因素也会引起毒害作用。这是因为合成的食品添加剂可能带有催化剂、副反应产物等工业污染物，而天然的也可能带有人们还不太了解的动植物中的有毒成分或被有害微生物污染。要想知道一个新的食品添加剂是否安全，可以对其进行毒理学评价。我国卫生部公布了《食品安全性毒理学评价程序》，评价程序分为四个阶段：①急性毒性试验；②蓄积性毒性试验，致突变试验及代谢试验；③亚慢性毒性试验（包括繁殖，致畸试验）；④慢性毒性试验（包括致癌试验）。急性毒性试验是指给予一次较大的剂量后，对动物体产生的作用情况。通过急性毒性试验可以考察摄入该物质后在短时间内所出现的毒性，从而判断对动物的致死量（LD）或半数致死量（LD_{50}）。LD_{50}是指能使一群试验动物中毒死亡一半所需的剂量，其单位是 mg/kg（体重）。对于食品添加剂来说，主要采用经口服的半数致死量来对受试物质的急性毒性进行粗略的分级，如表10-2所示。

表 10-2 大白鼠经口 LD_{50} 与毒性分级

毒 性 级 别	$LD_{50}/(mg/kg)$	毒 性 级 别	$LD_{50}/(mg/kg)$
极剧毒	<1	低毒	501~5000
剧毒	1~50	相对无毒	5001~15000
中毒	51~500	实际无毒	>15000

慢性毒性试验在毒理研究中占有十分重要的地位，对于确定受试物质能否作为食品添加剂使用具有决定性的作用。最大无作用剂量（MNL）又称最大无效量、最大耐受量或最大安全量，是指长期摄入该物质仍无任何中毒表现的每日最大摄入剂量，其单位是 mg/kg（体重）。

人体每日允许摄入量（ADI）来自动物最大无作用量。但将动物试验所得最大无作用量用到人时，考虑人和动物在抵抗力和敏感度上的差异，以及人与人之间的差异（老、幼、病、弱）等因素，必须引入安全系数。安全系数一般取 100。对于动物毒性试验观察期较短、毒理学资料不足情况下，则可增大安全系数，例如采用 200 甚至更高的安全系数，即：

$$人体每日允许摄入量（ADI）=\frac{最大无作用量（MNL）}{安全系数（100\sim200）}$$

人体每日允许摄入总量（A）按下式用每日允许摄入量 ADI 值乘以平均体重而求得：

$$每日允许摄入总量（A）=ADI 值×平均体重$$

有了该食品添加剂的每日摄入总量（A）后，根据人群的膳食调查，搞清膳食中含有该物质的各种食品的每日摄食量（C），就可以分别计算出各种食品中可以含有该食品添加剂的最高允许量（D）。根据物质在食品中最高允许量（D）可以制定该种食品添加剂在每种食品中的最大使用量（E）。二者可以是相同值，但为人体安全起见，一般最大使用量标准略低于最高允许量，具体要按照其毒性及使用等实际情况确定。同样的物质在不同的摄取量下，对人体的安全性是不同的。笼统地讲某种食品添加剂安全与否是不完全恰当的，只有在某一剂量下，才能讨论某种食品添加剂安全性的问题。食品添加剂的安全性受三方面的制约：该物质本身毒性的大小、产品质量标准、使用范围与用量。

第二节 食品中常用的添加剂

一、防腐剂（抗微生物剂）

自从人类食物有了剩余，就有了食品保藏的问题。自古以来人们就常采用一些传统的食品保藏方法来保存食物，如晒干、盐渍、糖渍、酒泡、发酵保藏等。现在更是有了许多工业化的和高技术的方法，如罐藏、脱水、真空干燥、喷雾干燥、冷冻干燥、速冻冷藏、真空包装、无菌包装、高压杀菌、电阻热杀菌、辐照杀菌、电子束杀菌等。但化学防腐剂使用方便、成本极低，就目前条件下还有相当广泛的应用。

防腐剂是指具有杀死微生物或抑制其增殖作用的物质。或者说是一类能防止食品中微生物所引起的腐败变质、延长食品保存期的食品添加剂。防腐剂抑制与杀死微生物的机理是十分复杂的，目前使用的防腐剂一般认为对微生物具有以下几方面的作用。

① 破坏微生物细胞膜的结构或者改变细胞膜的渗透性，使微生物体内的酶类和代谢产物逸出细胞外，导致微生物正常的生理平衡被破坏而失活。

② 防腐剂与微生物的酶作用，如与酶的巯基作用，破坏多种含硫蛋白酶的活性，干扰微生物体的正常代谢，从而影响其生存和繁殖。通常防腐剂作用于微生物的呼吸酶系，如乙酰辅酶 A、缩合酶、脱氢酶、电子转递酶系等。

③ 其他作用：包括防腐剂作用于蛋白质，导致蛋白质部分变性、蛋白质交联而导致其他的生理作用不能进行等。由于食品科学的发展，相对来说时间较短，因而对防腐剂作用机理的解释还很不充分，还有待于进一步研究。

目前各国使用的食品防腐剂种类很多，根据防腐剂的来源和组成可分为化学合成的和天然的防腐剂，有机的和无机的防腐剂。美国允许使用的食品防腐剂有 50 余种，日本 40 余种，我国公布的食品防腐剂有：苯甲酸及其钠盐、山梨酸及其钾盐、丙酸钠、丙酸钙、对羟基苯甲酸乙酯、对羟基苯甲酸丙酯、脱氢醋酸等。

对防腐剂的要求是具有显著的杀菌或抑菌作用，但又不影响人体胃肠道正常的微生物菌群，还要求用量少，不影响食品的品质和感官性状等。

(一) 苯甲酸及苯甲酸钠

(1) 结构

苯甲酸　　　　　　苯甲酸钠

(2) 性状　苯甲酸又名安息香酸，纯品为白色有荧光的鳞片结晶或针状结晶，质轻无味或略有安息香或苯甲醛的气味，相对密度为 1.2659，沸点 249.2℃，熔点 121～123℃，100℃开始升华，在酸性条件下或热空气中易随同水蒸气挥发。苯甲酸的化学性质稳定，有一定的吸湿性，常温下难溶于水，微溶于热水，易溶于乙醇、乙醚、丙酮及各类油中。

苯甲酸钠为白色颗粒或晶体粉末，味微甜，有收敛性，在空气中稳定，极易溶于水，其水溶液中的 pH 值为 8，溶于乙醇。

由于苯甲酸难溶于水，因而多使用其钠盐。苯甲酸及苯甲酸钠的溶解度见表 10-3。

表 10-3　苯甲酸及苯甲酸钠的溶解度

溶　剂	温度/℃	苯甲酸/(mg/mL)	苯甲酸钠/(mg/mL)
水	25	3.4	500
水	50	9.5	540
水	95	68	763
乙醇	25	461	13

苯甲酸和苯甲酸钠均是广谱抗微生物试剂，但它们的抗菌效果依赖于食品的 pH 值。pH 值为 3.5 时，在 1h 内，使用 0.125% 的苯甲酸溶液可杀死葡萄球菌和其他菌；pH 值为 4.5 时，对一般菌类的有效抑制的最小浓度约为 0.1%；pH 值为 5 时，即使 5% 的溶液，杀菌效果也不理想；在碱性条件下无抑菌、杀菌作用。故其防腐的最适 pH 值为 2.5～4.0。苯甲酸对霉菌的杀菌效果不理想，对酵母菌、部分细菌效果很好，但在允许使用的最大范围内（2g/kg），pH 值在 4.5 以下时，对各种菌都有较好的效果。

（3）安全性　苯甲酸由狗经口的毒性测定 LD_{50} 为 2g/kg，ADI 为 0～5mg/kg。苯甲酸钠大白鼠经口 LD_{50} 为 2.7～4.44g/kg。苯甲酸进入人体后，大部分 9～15h 内在酶的催化下与甘氨酸化合成马尿酸，剩余部分与葡萄醛酸结合形成葡萄糖苷酸，并全部进入肾脏，最后从尿中排出，苯甲酸不在机体内积蓄，因而苯甲酸是比较安全的防腐剂。但由于解毒过程在肝脏中进行，因此苯甲酸对肝功能衰弱的人可能是不适宜的。

（4）用途及注意事项　苯甲酸及苯甲酸钠在常见食品中的使用标准见表 10-4。

表 10-4　苯甲酸及苯甲酸钠的使用标准　(g/kg)

名　称	使用食品种类	最大用量	备　注
苯甲酸	酱油、醋、果汁、果露、罐头	1.0	浓缩果汁不得超过 2g/kg，苯甲酸和苯甲酸钠同时使用时以苯甲酸计，不得超过最大使用量
苯甲酸钠	葡萄酒、果子酒、琼脂软糖	0.8	
	汽酒、汽水	0.2	
	果子汽酒	0.4	
	低盐酱菜、面酱类、蜜饯类、山楂糕	0.5	

注：苯甲酸 1g 相当于苯甲酸钠 1.18g。

由于苯甲酸在水中的溶解度较低，故实际多是加适量的碳酸钠或碳酸氢钠，用 90℃ 以上的热水溶解。若必须使用苯甲酸，可先用适量的乙醇溶解后再用。苯甲酸最适抑菌 pH 为 2.5～4.0，pH 低时抑菌能力提高，但在酸性溶液中其溶解度降低，故不能单靠提高酸性来提高其抑菌活性。苯甲酸在酱油、清凉饮料中与对羟基苯甲酸酯类一起使用，效果更好。

（二）山梨酸及山梨酸钾

（1）结构

山梨酸   山梨酸钾

山梨酸（Sorbic acid）的化学名称为 2,4-己二烯酸，又名花揪酸，分子式为 $C_6H_8O_2$，相对分子质量 112.13；山梨酸钾（Potassiium sorbate）分子式为 $C_6H_7KO_2$，相对分子质量 150.22。

（2）性状 山梨酸为无色、无臭针状结晶，或微带刺激性臭味，熔点 132～135℃，沸点 228℃（分解），山梨酸难溶于水，溶于乙醇、乙醚、丙二醇、植物油等。故在实际生产中多用其钾盐。山梨酸耐热、耐光性好，但山梨酸是不饱和脂肪酸，长期暴露在空气中则易被氧化而失效。山梨酸及山梨酸钾在不同溶剂中的溶解度见表 10-5。

表 10-5 山梨酸及山梨酸钾的溶解度   单位：g/100mL

溶 剂	温度/℃	山 梨 酸	山梨酸钾
水	20	0.16	138
水	100	3.8	—
乙醇（95%）	20	14.8	6.2
丙二醇	20	5.5	5.8
乙醚	20	6.2	0.1
植物油	20	0.52～0.95	—

山梨酸及其盐类是目前国际上使用最多的防腐剂，对霉菌、酵母菌和好气性细菌的生长具有较好抑制作用，但对厌氧芽孢杆菌与嗜酸乳杆菌几乎无效。作为酸性防腐剂，在 pH 低的介质中对微生物有良好的抑制作用，随 pH 增大防腐效果降低，当 pH 增大到 8 时失去防腐效果，故只适用于 pH 在 5～6 以下的食品。山梨酸钾要转化为未离解的山梨酸后，才具有防腐性能。食品中的其他成分对其防腐效果无影响。

山梨酸的抑菌作用机理是与微生物的有关酶的巯基相结合，从而破坏许多重要酶的作用，此外它还能干扰传递机能，如细胞色素 C 对氧的传递，以及细胞膜表面能量传递的功能，抑制微生物增殖，达到防腐的目的。

（3）安全性 山梨酸类似于不饱和脂肪酸，在人体内参与正常的新陈代谢，代谢过程所发生的各种化学变化与同碳数的饱和及不饱和脂肪酸无差异，最终以二氧化碳和水的形式排出体外，所以对人体不产生毒害作用。山梨酸大白鼠经口 LD_{50}

为 10.5g/kg，MNL 为 2.5g/kg，山梨酸钾的大鼠经口 LD$_{50}$ 为 4.2～6.17g/kg，山梨酸及其钾盐的 ADI 为 0～25mg/kg（以山梨酸计）。应该注意的是山梨酸易被氧化，储藏期过长的产品及不合格产品中的山梨酸的氧化中间产物，会产生异味，甚至损伤机体细胞，影响细胞膜的渗透性。

（4）用途及注意事项　我国《食品添加剂使用卫生标准》（GB 2760—1996）规定：用于酱油、食醋、果酱、软糖、鱼干制品、即食豆制品、面包、蛋糕、月饼及乳酸饮料等的最大使用量为 1.0g/kg，用于低盐酱菜、酱类、胶原蛋白肠衣、蜜饯、果冻、葡萄酒及果酒的最大使用量为 0.6g/kg，用于果蔬、碳酸饮料为 0.2g/kg，用于肉、鱼、蛋及禽类制品的最大使用量为 0.075g/kg（以上均以山梨酸计）。

配制山梨酸溶液时，可先将山梨酸溶解在乙醇、碳酸氢钠或碳酸钠的溶液中，随后再加入到食品中。山梨酸钾较山梨酸易溶于水，且溶解状态稳定，使用方便，但需要注意的是在使用时有可能会引起食品的 pH 升高。为防止氧化，溶山梨酸不得使用铜、铁等容器，因它们会催化山梨酸的氧化。用于需要加热的产品时，为防止山梨酸受热挥发，应在加热过程的后期添加；山梨酸不能应用于有生物活性的动植物组织中，因为山梨酸能被组织内某些酶分解，产生 1,3-戊二烯，不仅导致山梨酸防腐性能的丧失，还会产生不良气味；山梨酸能严重刺激眼睛，在使用山梨酸或其盐时要注意勿使其溅入眼内。山梨酸与苯甲酸、丙酸、丙酸钙等防腐剂可产生协同作用，提高防腐效果。与其中任何一种制剂并用时，其使用量按山梨酸及另一防腐剂的总量计，应低于山梨酸的最大使用量。

山梨酸在食品被严重污染，微生物数量过高的情况下，不仅不能抑制微生物繁殖，反而会成为微生物的营养物质，加速食品腐败，因此，应特别注意食品卫生。

（三）对羟基苯甲酸酯类

（1）结构　对羟基苯甲酸酯类又叫尼泊金酯类，我国允许使用的是尼泊金乙酯和丙酯，结构如下：

OH

COOR　　R：—CH$_3$、—CH$_2$CH$_3$、—CH$_2$CH$_2$CH$_3$、—CH$_2$CH$_2$CH$_2$CH$_3$
对羟基苯甲酸酯

（2）性状　对羟基苯甲酸酯为无色结晶或白色结晶粉末，几乎无臭，无味，稍有涩味，是苯甲酸的衍生物。难溶于水，可溶于氢氧化钠溶液及乙醇、乙醚、丙酮、冰醋酸、丙二醇等溶剂。溶解度及熔点见表 10-6。

对羟基苯甲酸酯类对霉菌、酵母和细菌有广泛的抗菌作用。尤其对霉菌、酵母的作用较强，但对细菌特别是对革兰阴性杆菌及乳酸菌的作用效果较差。其烷基链越长，抗菌效果越好，而且由于是酯类，所以其抑菌作用不像苯甲酸类和山梨酸类那样受 pH 的影响，但为达到最好效果，实际应用时 pH 一般在 4～8。

表 10-6 对羟基苯甲酸酯类的物理性质

名 称	熔点/℃	溶解度/(g/kg)	
		水溶液中	乙醇溶液中
对羟基苯甲酸乙酯	116～118	1.7	750
对羟基苯甲酸丙酯	95～98	0.5	950
对羟基苯甲酸丁酯	69～72	0.2	2100

（3）安全性 对羟基苯甲酸酯类主要作用在于抑制微生物细胞的呼吸酶系与电子传递酶系的活性，以及破坏微生物的细胞膜结构。此类化合物被摄入人体后，在体内的代谢途径与苯甲酸相同，因而毒性很低。对羟基苯甲酸乙酯小鼠经口 LD_{50} 为 5.0g/kg，对羟基苯甲酸丙酯小鼠经口 LD_{50} 为 3.7g/kg，ADI 为 0～10mg/kg。对羟基苯甲酸丁酯小鼠经口 LD_{50} 为 17.1g/kg，ADI 为 0～10mg/kg。

（4）用途及注意事项 对羟基苯甲酸乙酯（以对羟基苯甲酸计）用于果蔬的最大使用量为 0.012g/kg；食醋为 0.10g/kg；碳酸饮料为 0.20g/kg；果汁（果味）型饮料、果酱（不含罐头）、酱油及酱料为 0.25g/kg；糕点馅为 0.5g/kg；蛋黄为 0.20g/kg。

对羟基苯甲酸酯类在水中溶解度小，通常都是将其配制成氢氧化钠溶液、乙醇溶液或醋酸溶液使用。

（四）丙酸及其盐类

（1）性状 丙酸的抑菌作用较弱，但对霉菌、需氧芽孢杆菌或革兰阴性杆菌有效，其抑菌的最小浓度在 pH5.0 时为 0.01％；pH 6.5 时为 0.5％。丙酸对酵母菌不起防腐作用，所以主要用于面包和糕点的防霉。

丙酸钙为白色结晶颗粒或粉末，无臭或微带有轻微丙酸气味，对水和热稳定。有吸湿性，易溶于水，不溶于乙醇、乙醚。在酸性条件下具有抗菌性，pH 小于 5.5 时抑制霉菌较强，但比山梨酸弱。丙酸钠极易溶于水，易潮解，水溶液碱性，常用于西点。

（2）安全性 丙酸可以认为是食品的正常成分，也是人体代谢的正常中间产物，大白鼠 LD_{50} 为 5.16g/kg，属于相对无毒。世界上有的国家无最大使用量规定，而定为按正常生产需要。丙酸钙大白鼠经口 LD_{50} 为 3.34g/kg，ADI 不作限制性规定。

（3）用途 《食品添加剂使用卫生标准》（GB 2760—1996）规定：丙酸类防腐剂可用于面包、醋、酱油、糕点、豆制品，最大使用量 2.5g/kg。

（五）影响防腐剂防腐效果的因素

为了有效地使用防腐剂，最大限度地发挥其防腐能力，对影响防腐剂防腐效果的因索必须明确。

（1）pH 值 苯甲酸及其盐类、山梨酸及其盐类均属于酸性防腐剂。食品 pH

值对酸性防腐剂的防腐效果有很大的影响，pH 值越低防腐效果越好。一般来说，苯甲酸及苯甲酸钠适用于 pH 值 4.5～5 以下，山梨酸及山梨酸钾在 pH 值 5～6 以下，对羟基苯甲酸酯类使用范围为 pH 值 4～8。酸性防腐剂的防腐作用主要是依靠溶液内的未电离分子。如果溶液中氢离子浓度增加，电离被抑制，未电离分子比例就增大，所以低 pH 值的防腐作用较强。大多数目前有效且广泛使用的防腐剂是一些弱亲脂性的有机酸，如山梨酸、苯甲酸、丙酸，无机酸如亚硫酸。并且这些防腐剂在低 pH 值下比在高 pH 值条件下更为有效。微生物对内部 pH 值的变化更敏感。由于未电离分子比较容易渗透微生物细胞膜，所以 pH 值是决定防腐剂效果的重要因素。

(2) 防腐剂的溶解与分散　防腐剂必须在食品中均匀分散，如果分散不均匀就达不到较好的防腐效果。所以防腐剂要充分溶解而分散于整个食品中。溶解时溶剂的选择要注意，有的食品不能有酒味，就不能用乙醇作为溶剂；有的食品不能过酸，就不能用太多的酸溶解。溶解后的防腐剂溶液，也有不好分散的情况，由于加入到食品中化学环境改变，局部防腐剂过浓，会有防腐剂析出。如醇溶解的对羟基苯甲酸酯类，加入到水相后，如未及时均质，则会很快析出，浮于水相表面，不光降低防腐剂的有效浓度，还影响食品的外观。苯甲酸盐、山梨酸盐加到酸性食品中，如某一局部太多，也会析出苯甲酸或山梨酸盐的块状物。

(3) 食品的染菌情况　防腐剂一般杀菌作用很小，只有抑菌的作用，如果食品带菌过多，添加防腐剂是不起任何作用的，因为在食品中的微生物基数大，尽管其生长受到一定程度的抑制，微生物增殖的绝对量仍然很大，最终通过其代谢分解产物使防腐剂失效。因此不管是否使用防腐剂，加工过程中严格的卫生管理都是十分重要的。

(4) 热处理　一般情况下加热可增强防腐剂的防腐效果，在加热杀菌时加入防腐剂，杀菌时间可以缩短。例如在 56℃ 时，使酵母营养细胞数减少到 1/10 需要 180min，若加入对羟基苯甲酸丁酯 0.01%，则缩短为 48min，若加入 0.5%，则只需要 4min。

(5) 防腐剂并用　各种防腐剂都有各自的作用范围，在某些情况下两种以上的防腐剂并用，往往具有协同作用，而比单独作用更为有效。例如饮料中并用苯甲酸钠与二氧化硫，有的果汁中并用苯甲酸钠与山梨酸，可达到扩大抑菌范围的效果。

二、抗氧化剂

食品抗氧化剂是防止或延缓食品氧化，提高食品稳定性和延长食品储藏期的食品添加剂。食品在储藏运输过程中除了由微生物作用发生腐败变质外，氧化是导致食品品质变劣的又一重要因素。氧化不仅会使油脂或含油脂食品氧化酸败（哈败），还会引起食品发生褪色、褐变、维生素破坏，从而使食品腐败变质，降低食品的质量和营养价值，氧化酸败严重时甚至产生有毒物质，危及人体健康。因此，防止食品氧化变质就显得十分重要。防止食品氧化变质，一方面可以在食品的加工和储运环节中，采取低温、避光、隔绝氧气以及充氮密封包装等物理的方法；另一方面需要配合使用一些安全性高、效果好的食品抗氧化剂。

抗氧化剂的作用机理主要有四种：一是通过抗氧化剂的还原作用，降低食品中的含氧量；二是中断氧化过程中的链式反应，阻止氧化过程进一步进行；三是破坏、减弱氧化酶的活性，使其不能催化氧化反应的进行；四是将能催化及引起氧化反应的物质加以封闭。

（一）丁基羟基茴香醚（BHA）

（1）结构 丁基羟基茴香醚又称叔丁基-4-羟基茴香醚，分子式 $C_{11}H_{16}O_2$。它有两种同分异构体：3-叔丁基羟基茴香醚、2-叔丁基羟基茴香醚，结构式如下：

3-BHA   2-BHA

（2）性状 丁基羟基茴香醚为无色至微黄色蜡状结晶粉末，具有酚类的特异臭和刺激性味道，熔点 $57 \sim 65℃$，依据 3-BHA、2-BHA 混合比不同而异，如 3-BHA 占95％时，熔点为 $62℃$，沸点 $270℃$。BHA 不溶于水，可溶于油脂和有机溶剂，它在不同有机溶剂和油脂中的溶解度见表 10-7。

表 10-7 BHA 在不同溶剂中的溶解度（25℃）

溶　剂	溶解度/(g/L)	溶　剂	溶解度/(g/L)
丙二醇	500	花生油	400
丙酮	600	棉籽油	420
乙醇	250	猪油	300

BHA 与其他抗氧化剂相比，它不像 PG（没食子酸丙酯）会与金属离子作用而着色，BHT（二丁基羟基甲苯）不溶于丙二醇，而 BHA 溶于丙二醇，成为乳化态，具有使用方便的特点，但价格较 BHT 高。BHA 具有单酚的挥发性，如在猪油中保持 $61℃$ 时稍有挥发，在日光长期照射下，色泽会变深。3-BHA 的抗氧化效果是 2-BHA 的 $1.5 \sim 2$ 倍，两者混合使用会有协同效果。BHA 与其他抗氧化剂或增效剂复配使用，可以大大提高其抗氧化作用。BHA 除了具有抗氧化作用之外，还具有一定的抑菌作用，可以抑制金黄色葡萄球菌和阻止寄生曲霉孢子的生长，并能阻碍黄曲霉毒素的生成。

（3）安全性 BHA 比较安全，大鼠经口 LD_{50} 为 $2.2 \sim 5g/kg$，ADI 为 $0 \sim 0.5mg/kg$。

（4）用途　我国规定，在油脂、油炸食品、干鱼制品、饼干、速煮面、速煮米、干制食品、罐头、腌腊肉制品中均可使用 BHA。最大使用量为 0.2g/kg（以脂肪计）。在油脂和含油脂食品中使用时，可以采用直接加入法；用于鱼肉制品时，可以采用浸渍法和拌盐法，浸渍法抗氧化效果较好，它是将 BHA 预先配成 1% 的乳化液，然后再按比例加入到浸渍液中。有实验证明，BHA 的抗氧化效果以用量 0.01%～0.2% 为佳，超过 0.2% 时抗氧化效果有下降的趋势。因此，在使用时要严格控制添加量，过多一则效果不好，二则对人体有害。

（二）没食子酸丙酯

（1）结构　没食子酸丙酯亦称橘酸丙酯，简称 PG，分子式 $C_{10}H_{12}O_5$，相对分子质量 212.21，结构式为：

没食子酸丙酯

（2）性状　没食子酸丙酯为白色至浅黄褐色晶体粉末，有时呈乳白色针状结晶，无臭，微有苦味，水溶液无味。它易溶于乙醇等有机溶剂，微溶于油脂和水，其溶解度见表 10-8。

表 10-8　没食子酸丙酯的溶解度

溶　剂	温度/℃	溶解度/（g/L）	溶　剂	温度/℃	溶解度/（g/L）
水	20	3.5	棉籽油	30	12
花生油	20	5.0	乙醇	25	1030

PG 水溶液的 pH 值为 5.5 左右，对热比较稳定，抗氧化效果好，易与铜、铁离子发生呈色反应，变为紫色或暗绿色。具有吸湿性，对光不稳定易分解。PG 对猪油的抗氧化作用较 BHA 和 BHT 强，与增效剂柠檬酸或与 BHA、BHT 复配使用抗氧化能力更强。

（3）安全性　大鼠经口 LD_{50} 为 3.89g/kg，按 FAO/WHO（1985）规定，ADI 为 0～0.2mg/kg。PG 在体内可被水解，大部分聚成 4-O-甲基没食子酸或内聚葡萄糖醛酸，由尿液排出。

（4）用途　我国食品添加剂使用卫生标准规定，PG 可用于油脂、油炸食品、干鱼制品、饼干、速煮面、速煮米、罐头，最大使用量为 0.01%（以脂肪总量计）。与其他抗氧化剂复配使用时，它不得超过 0.05%（以脂肪总量计）。PG 一般与 BHA、BHT 或与具有螯合作用的柠檬酸、酒石酸等复配使用，不仅提高其抗氧化效果，而且还可以防止由金属离子引起的呈色作用。另外，因 PG 有与铜、铁等金属离子反应变色的特性，所以在使用时应避免使用铜、铁等金属容器。

（三）二丁基羟基甲苯

（1）结构　二丁基羟基甲苯，又名2,6-二叔丁基对甲酚，简称BHT，分子式 $C_{15}H_{24}O$，结构式为：

二丁基羟基甲苯

（2）性状　BHT为无色晶体或白色结晶粉末，无味、无臭，熔点 $69.5 \sim 70.5℃$，沸点为 $265℃$。不溶于水与甘油，能溶于乙醇和各种油脂，其溶解度见表 10-9。

表 10-9　二丁基羟基甲苯的溶解度

溶　剂	温度/℃	溶解度/(g/L)	溶　剂	温度/℃	溶解度/(g/L)
乙醇	120	250	棉籽油	25	200
豆油	25	300	猪油	40	400

二丁基羟基甲苯化学稳定性好，对热相当稳定，抗氧化效果好，与金属反应不着色，具有单酚的升华性，加热时能与水蒸气一起挥发。它与其他抗氧化剂相比，具有稳定性较高、抗氧化作用较强的特点，并且价格低廉。但是它的毒性相对较高。

（3）安全性　大鼠经口 LD_{50} 为 $1.7 \sim 1.97g/kg$，小鼠经口 LD_{50} 为 $1.39g/kg$。BHT的急性毒性比BHA稍大，但无致癌性。按FAO/WHO（1990）规定，ADI暂定为 $0 \sim 0.125mg/kg$，允许最大使用量为 0.02%。

（4）用途　按照我国食品添加剂使用卫生标准规定，BHT的使用范围和最大使用剂量与BHA相同。可用于油脂、油炸食品、干鱼制品、饼干、速煮面、干制食品、罐头等。BHT一般多与BHA混合使用，并用柠檬酸或其他有机酸作为增效剂，混合食用时的总量不得超过 0.02%，如在植物油中 ［BHT］：［BHA］：［柠檬酸］$=2:2:1$。

（四）生育酚

（1）结构　生育酚即维生素E，是一类同系物的总称。天然维生素E广泛存在于高等动植物体中，它是一种天然的抗氧化剂，有防止动植物组织内的脂质氧化的功能。生育酚结构：

生育酚

（2）性状　生育酚为黄褐色、无臭的透明黏稠液体，相对密度为 0.932～0.955，溶于乙醇，不溶于水。可与油脂任意混合，对热稳定。许多植物油的抗氧能力强，主要原因就是含有较多的生育酚。如大豆油中生育酚含量最高，大约为 0.09％～0.28％，其次是玉米油和棉籽油，含量分别为 0.09％～0.25％ 和 0.08％～0.11％。

（3）安全性　根据国家规定，生育酚的 ADI 值为 0～2mg/kg。

（4）用途　主要适用于婴儿食品、疗效食品及乳制品等食品的抗氧化剂或营养强化剂使用。全脂奶粉、奶油或人造奶油可添加 0.005％～0.05％，动物油脂可添加 0.001％～0.5％，植物油添加 0.03％～0.07％，在肉制品、水产加工品、脱水蔬菜、果汁饮料、冷冻食品、方便食品等食品中，其用量一般为该食品油脂含量的 0.01％～0.2％左右。

（五）L-抗坏血酸及其钠盐

（1）性状　L-抗坏血酸熔点在 166～218℃ 之间，为白色或略带淡黄色的结晶或粉末，无臭，味酸，遇光颜色逐渐变深，干燥状态比较稳定。易溶于水，不溶于乙醚、苯等有机溶剂。

（2）安全性　正常剂量的抗坏血酸对人无毒性作用。每日允许摄入量 ADI 为 0～15mg/kg。

（3）用途及注意事项　各类食品中 L-抗坏血酸的使用见表 10-10。

表 10-10　各类食品中抗坏血酸用量　　　　　　单位：％

食品名称	抗坏血酸用量	食品名称	抗坏血酸用量
果汁	0.005～0.02	蔬菜罐头	0.1
无醇饮料	0.05～0.03	鲜肉	0.02～0.05
葡萄酒	0.005～0.015	腌肉	0.02～0.05
水果罐头	0.025～0.04	乳粉	0.02～0.2
啤酒	0.002～0.006	果蔬加工品	1.4

抗坏血酸的水溶液由于易被热、光等显著破坏，特别是在碱性及金属存在时更促进其破坏，因此在使用时必须注意避免在水及容器中混入金属或与空气接触，且不能预先配制溶液放置，只能使用前将其溶解并立即加入制品中。抗坏血酸呈酸性，对不适合添加酸性物质的食品，可改用抗坏血酸钠盐，1g 抗坏血酸钠相当于 0.9g 抗坏血酸。

（六）植酸

（1）性状　植酸，亦称肌醇六磷酸，简称 PH，分子式 $C_6H_{18}O_{24}P_6$，植酸为浅黄色或褐色黏稠状液体；植酸广泛存在于米糠、麸皮以及很多植物种子皮层中，且与镁、钙或钾形成盐。植酸易溶于水、乙醇、丙酮，微溶于苯、乙烷和氯仿；对热较稳定。植酸分子有 12 个羟基，具有较强的金属螯合作用，生成白色不溶性金属化合物。除具有抗氧化作用外，还有调节 pH 及缓冲作用。

（2）安全性 小鼠经口 LD_{50} 为 4.192g/kg。

（3）用途 植酸在食品工业中的应用主要包括两个方面：一方面是油脂的抗氧化剂，在植物油中添加 0.01％的植酸，即可以明显地防止植物油的酸败，其抗氧化效果因植物油的种类不同而异，对于花生油效果最好，大豆油次之，棉籽油较差，见表 10-11。

表 10-11 植酸对不同植物油的抗氧化效果

植物油种类	添加 0.01％时的过氧化值	对照组的过氧化值
大豆油	13	64
棉籽油	14	40
花生油	6.8	270

另一方面是用于水产品：①可以防止磷酸铵镁的生成；②防止贝类罐头变黑；③防止蟹肉罐头出现蓝斑；④防止鲜虾变黑。植酸在国外已广泛用于水产品、酒类、果汁、油脂食品，作为抗氧化剂、稳定剂和保鲜剂。它可以延缓含油制品的酸败；可以防止水产品的变色、变黑；可以清除饮料中的铜、铁、钙、镁等离子；延长鱼、肉、速煮面、面包、蛋糕、色拉等的保藏期。

（七）乙二胺四乙酸二钠

（1）结构 乙二胺四乙酸二钠简称 EDTA-2Na，分子式 $C_{10}H_{14}N_2Na_2O_8 \cdot 2H_2O$，其结构如下：

$$\begin{array}{ccc} CH_2COONa & & CH_2COONa \\ | & & | \\ N-CH_2-CH_2-N & \cdot 2H_2O \\ | & & | \\ CH_2COOH & & CH_2COOH \end{array}$$

乙二胺四乙酸二钠

（2）性状 乙二胺四乙酸二钠为无臭、无味的白色结晶颗粒或粉末。它易溶于水，极难溶于乙醇。它是一种重要的螯合剂，能螯合溶液中的金属离子，从而保持食品的色、香、味，防止食品氧化变质。

（3）安全性 按 FAO/WHO（1985）中的规定，ADI 为 0～2.5mg/kg。

（4）用途 我国食品添加剂使用卫生标准规定，乙二胺四乙酸二钠可用于水产罐头、糖水栗子罐头等，最大使用量为 0.25mg/g，可保持罐头食品的色、香、味。对于蟹、虾等水产罐头，添加乙二胺四乙酸二钠可以防止玻璃样结晶析出，以保证加工产品的质量。

（八）抗氧化剂使用注意事项

各种抗氧化剂都有其特殊的化学结构和理化性质，不同的食品也具有不同的性质，所以在使用时必须综合进行分析和考虑。

（1）掌握抗氧化剂的添加时机　　抗氧化剂只能阻碍氧化作用，延缓食品开始氧化败坏的时间，并不能改变已经败坏的后果，因此，使用时必须在食品处于新鲜状态和未发生氧化变质之前加入，才能充分发挥抗氧化剂的作用。

（2）适当的用量　　使用抗氧化剂的浓度要适当，和防腐剂不同，抗氧化剂的浓度和抗氧化效果之间并不总是成正相关。如果浓度过大，抗氧化作用不再增强，反而具有促进氧化的效果，引起不良作用。

（3）抗氧化剂的协同作用　　两种或两种以上抗氧化剂混合使用，其抗氧化效果往往优于单一使用之和，这种现象称之为抗氧化剂的协同作用。一般认为，这是由于不同抗氧化剂可以分别在不同的阶段中止油脂氧化的链式反应。

（4）溶解与分散　　抗氧化剂用量一般很少，所以必须充分地分散在食品中，才能发挥其最大作用。油溶性的抗氧化剂要先溶于油中，水溶性的抗氧化剂则要先溶于水中，使用时要混合均匀。

（5）避免光、热、氧等因素的影响　　要使抗氧化剂充分发挥作用，就要控制影响抗氧化剂作用效果的因素。如光、热、氧、金属离子及抗氧化剂在食品中的分散性。

光（紫外线）、热能促进抗氧化剂分解挥发而失效。一般的抗氧化剂经加热，特别是在油炸等高温下很容易分解或挥发，例如 BHT 在大豆油中加热至 170℃，90min 就会完全分解或挥发。而对于 BHA 只有 60min，没食子酸丙酯仅要 30min。此外 BHT 在 70℃以上、BHA 在 100℃以上加热会迅速升华挥发。

氧气是导致食品氧化变质的最主要因素，也是导致抗氧化剂失效的主要因素。因此，在使用抗氧化剂的同时，还应采取充氮或真空密封包装等措施，也可以采用脱氧剂，以降低氧的浓度和隔绝环境中的氧，使抗氧化剂更好地发挥作用。

（6）金属助氧化剂和抗氧化剂的增效剂　　铜、铁等重金属离子是促进氧化的催化剂，它们的存在会促进抗氧化剂迅速被氧化而失去作用。所以，在食品加工中应尽量避免这些金属离子混入食品，或同时使用螯合金属离子的增效剂。

三、乳化剂

食品乳化剂是食品加工中使互不相溶的液体（如油与水）形成稳定乳浊液的添加剂。乳状液的类型可以分为水包油型和油包水型（O/W、W/O），在一定条件下这两种类型可以发生相的转变。

乳化剂的结构特点是双亲性。分子中有亲油的部分，也有亲水的部分。食品乳化剂可以分为天然的和化学合成的两类。按其在食品中应用目的或功能来分，又可以分为多种类型，如破乳剂、起泡剂、消泡剂、润湿剂、增溶剂等。还可根据所带电荷性质分为阳离子型乳化剂、阴离子型乳化剂、两性离子型乳化剂和非离子型乳化剂。

乳化剂在食品中具有多种用途和功能，其作用机理可归纳如下几个方面。

① 乳化剂为双亲分子，具表面活性，可以减小表面张力，它们在两相界面上定向排列，形成表面（界面）膜。如乳化、破乳、消泡、润湿等。

② 乳化剂分子在临界胶束浓度以上时，缔合形成胶束，相当于增加了新的相。其应用如增稠、增溶等。

③ 乳化剂和食品成分的特殊相互作用，如使面包体积增大、控制脂肪结晶晶型、防止淀粉的老化等。

（一）单硬脂酸甘油酯

单硬脂酸甘油酯属于 W/O 型乳化剂，为微黄色的蜡状固体，凝固点不低于56℃，不溶于水，但与热水强烈振荡混合时可分散在水中，可作为水包油及油包水乳化剂。

单硬脂酸甘油酯可在多种食品中应用，如冰激凌中用量为 0.2%～0.5%，人造奶油、花生酱 0.3%～0.5%，炼乳、麦乳精、速溶全脂奶粉 0.5%，含油脂、含蛋白饮料及肉制品中 0.3%～0.5%，面包 0.1%～0.3%，儿童饼干 0.5%，巧克力 0.2%～0.5%。

（二）大豆磷脂

大豆磷脂是精炼大豆油的副产品，含 24% 卵磷脂，25% 脑磷脂，33% 磷脂酰肌醇等。精制的大豆磷脂为半透明的黏稠物质，稍有特异臭味或光线照射下迅速变成黄色，逐渐变成不透明的褐色，在水中膨润后，呈胶体状溶液，溶于氯仿、乙醚、石油醚等。有吸湿性，是良好的天然乳化剂。

大豆磷脂在制造糖果中应用较广，还可用于人造黄油、饼干、面包、糕点、通心粉、巧克力、肉制品中，可根据"正常生产需要使用"。

（三）山梨糖醇酐脂肪酸酯

山梨糖醇酐脂肪酸酯又名失水山梨醇脂肪酸酯，因失水位置不同而产生多种异构体，结合不同的脂肪酸形成多种不同系列产品。为琥珀色黏稠油状液体或蜡状固体，有特异臭，不溶于水，但可分散在温水中，呈乳浊液，溶于大多数有机溶剂，一般在油中可溶解或分散。具有较好的热稳定性和水解稳定性，乳化力较强，但风味差，一般与其他乳化剂合并使用。亲脂性强，常用作 W/O 型乳化剂，脂溶性差的化合物的增溶剂，脂不溶性化合物的润湿剂。

可单独作 W/O 型乳化剂使用，用量一般为 1%～1.5%，本品常与吐温类配合使用，改变两者的比例，可得 O/W 或 W/O 型的乳化剂。

常用的乳化剂还有蔗糖脂肪酸酯、丙二醇脂肪酸酯、聚甘油脂肪酸酯等。

四、增稠剂

增稠剂就是指能提高食品黏稠度形成凝胶的一类食品添加剂。它们都是一类属于亲水胶体的大分子。食品中用的增稠剂大多属多糖类，少数为蛋白质类。我们可以把增稠剂分为天然的和合成的，而合成的主要是一些化学衍生胶。天然的又可按来源不同而分为植物种子胶、植物分泌胶、海藻胶、微生物胶等。国际上通用的增稠剂约有 40 多种，而每种增稠剂常有多种功能。目前比较常用的增稠剂有：羧甲基纤维素钠、瓜尔豆胶、明胶、琼脂、果胶、海藻酸钠、黄原胶、卡拉胶、阿拉伯胶、淀粉和变性淀粉等。允许使用的增稠剂品种虽然不多，但选择适当的品种，利用不同性能的增稠剂进行适当混合，基本上可以满足食品上对增稠剂的各种需要。

（一）琼脂

条状琼脂呈细长条状，类白色或淡黄色，半透明；表面皱缩，微有光泽，质轻软而韧，不易折；完全干燥后，则脆而易碎；无臭，味淡。粉状琼脂为鳞片粉末，无色或淡黄色。

琼脂可用于糖果、果酱类、冷饮、罐头中，其用量可按"正常生产需要"使用。如冰激凌使用量为 0.3％左右，饮料中用量为 1％～1.5％。

（二）明胶

明胶为动物的皮、骨、软骨、韧带、肌膜等含有胶原蛋白，经部分水解后得到的高分子多肽的高聚物。为白色或淡黄色，半透明，微带光泽的薄片或粉粒；有特殊的臭味，类似肉汁；潮解后易为细菌分解。明胶不溶于冷水，但加水后则缓慢地吸水膨胀软化，可吸收 5～10 倍重量的水。在热水中溶解，溶液冷却后即凝结成胶块，不溶于乙醇、乙醚、氯仿等有机溶剂，但溶于醋酸、甘油，其凝固力比琼脂弱。明胶是亲水性胶体，具有很大的保护胶体的性质，可作为疏水胶体的稳定剂、乳化剂。

我国食品添加剂使用卫生标准规定，明胶可用于糖果、冷饮、罐头中，按"正常生产需要"使用。

（三）海藻酸钠

海藻酸钠又叫褐藻酸钠、藻原酸钠、褐藻胶，是一种线性分子的酸性多糖，由 α-L-古洛糖醛酸和 β-D-甘露糖醛酸以 1,4-糖苷键相连构成。洗净的海带用碳酸钠溶液溶解，用水稀释过滤，加无机酸使海藻酸析出。离心分离后，在甲醇中脱水，漂白，用碳酸钠或小苏打中和，压榨脱去甲醇，干燥后粉碎制得海藻酸钠。本品为白色或淡黄色的粉末，几乎无臭、无味，不溶于乙醇、乙醚、氯仿和酸（pH＜3），溶于水成黏稠状胶状液体。1％水溶液的 pH 值为 6～8，黏性在 pH6～9 时稳定，加热到 80℃以上则黏性降低，本品有吸湿性。海藻酸钠具有使胆固醇向体外排出的作用，具有抑制重金属在体内的吸收作用，具有降血糖和整肠等生理作用，它不为人体所吸收。

我国食品添加剂使用卫生标准规定：海藻酸钠可用于冰激凌、罐头中，最大允许使用量为 0.5g/kg，日允许摄入量 ADI 为 0～25mg/kg。

（四）羧甲基纤维素钠

羧甲基纤维素钠简称 CMC，是由纤维素经碱化后通过醚化接上羧甲基而制成。为白色纤维状或颗粒粉末，无臭、无味、有吸湿性。易分散于水中成胶体，不溶于乙醇、乙醚、丙酮等有机溶剂，其吸湿性随羧基的酯化度而异，其水溶液对热不稳定，其黏度随温度的升高而降低。

羧甲基纤维素钠可用于冰激凌、速食米粉、罐头中，其最大使用量为 5g/kg，每日允许摄入量 ADI 为 0～0.25mg/kg。

（五）果胶

果胶为白色到淡黄褐色的粉末，稍有特异臭。溶于 20 倍的水成黏稠状液体。不溶于乙醇及其他有机溶剂，用乙醇或甘油、蔗糖糖浆润湿，与 3 倍或 3 倍以上的砂糖混合，则更易溶于水。对酸性溶液较对碱性溶液稳定。

果胶可用于果酱，使用量为 0.2% 以下。果冻使用量不多于 3.5%。可用于巧克力、糖果等食品，也可用作冷饮食品冰激凌、雪糕等的稳定剂，还可用于防止糕点硬化和提高干酪的品质。

五、漂白剂

漂白剂是破坏或抑制食品的发色因素使食品褪色的食品添加剂。漂白剂可分为氧化型（氧化氢、过硫酸铵、过氧化苯甲酰、二氧化氯）和还原型（亚硫酸氢钠、亚硫酸钠、低亚硫酸钠、无水亚硫酸钾、焦亚硫酸钾）两类。以还原型漂白剂的应用为广泛，这是因为它们在食品中除了具有漂白作用外还具有防腐作用、防止食品褐变、氧化等多种作用。

（一）二氧化硫

二氧化硫又叫亚硫酸酐，具有强烈刺激性气味的气体，溶于水而成亚硫酸，加热则又挥发出 SO_2。硫磺燃烧可产生二氧化硫气体。

（二）无水亚硫酸钠

无水亚硫酸钠为白色粉末，空气中缓慢氧化成硫酸盐，高温分解成硫化钠和硫酸钠。具有强烈的还原性。1% 水溶液 pH 8.4～9.4，由于亚硫酸钠呈碱性，适用于漂白后水洗的食品，水果蔬菜等是酸性，如不调节 pH 值不能直接使用。

亚硫酸钠对食糖、冰糖、糖果、蜜饯类、葡萄糖、饴糖、饼干、罐头最大使用量为 0.6g/kg，漂白后的产品二氧化硫残留量为：饼干、食糖、粉丝、罐头各类产品不得超过 0.05g/kg，其他品种二氧化硫残留量不超过 0.1g/kg。

（三）保险粉

保险粉学名低亚硫酸钠，为白色结晶粉末，有二氧化硫的臭气，易溶于水，几乎不溶于乙醇。在空气中易氧化分解，潮解后析出硫磺。为亚硫酸类漂白剂中还原能力和漂白能力最强的。

低亚硫酸钠的使用标准为：对食糖、冰糖、蜜饯类、葡萄糖、饴糖、饼干、罐头最大使用量为 0.4g/kg；残留量参照无水亚硫酸钠。

（四）焦亚硫酸钠

焦亚硫酸钠为白色结晶或粉末，有二氧化硫的臭气，易溶于水和甘油，微溶于乙醇，在空气中放出二氧化硫而分解，具有强烈的还原性。

焦亚硫酸钠在食品中的使用范围同低亚硫酸钠，但最大使用量为 0.45g/kg，其残留量参照无水亚硫酸钠。

复 习 题

1. 什么是食品添加剂？使用时有何要求？
2. 食品添加剂的选用原则和要求是什么？
3. 使用防腐剂应注意哪些基本问题？
4. 什么是抗氧化剂？其作用机理是什么？
5. 在食品加工过程中为什么要使用食品乳化剂？它有哪些类型？
6. 增稠剂在食品工业上有何作用？
7. 食品漂白剂有哪些类型和应用？

第十一章 实验指导

实验一 水分含量的测定（重量法）

一、目的要求

1. 初步掌握测定食品中水分的原理与方法。
2. 了解测定食品中水分的意义。

二、实验原理

常用的果蔬新鲜原料含水量的测定，是将称重后的果蔬置于烘箱中烘去水分，其失重为水分重量。在烘干过程中，果蔬中的结合水，在 100℃ 以下不易烘干，若在 105℃ 以上，样品中一些有机物质（如脂肪）易氧化使干重增加，而果蔬中的糖分，在 100℃ 上下则易分解，也可使测定产生误差，故烘干温度先为 60～70℃，至接近全干时再改用 100～105℃ 干燥。

三、材料和试剂

1. 材料：苹果、梨、黄瓜、番茄等。
2. 仪器：烘箱或真空干燥箱、分析天平、称量瓶、干燥器。
3. 试剂：氯化钙、变色硅胶。

四、操作步骤

1. 常压干燥法

（1）取分析样品，果实可除去果核，蔬菜可除去非食用部分，洗净切碎，混匀待用。

（2）取称量瓶，放入烘箱中以 100～105℃ 烘干（至恒重），置干燥器中冷却，然后精确称量。

（3）取分析样品 5～10g 放入称量瓶中精确称重，然后将称量瓶放入烘箱中，先在 60～70℃烘 2～3h 至样品变脆，再以 100～105℃烘 2h。取出后置有吸湿剂变色硅胶或干燥氯化钙的干燥器中，冷却后称量，再一次继续烘 0.5～1h。冷却称量，直至两次质量差不超过 0.4mg 为止。

2. 减压干燥法

适用于在 100～105℃容易分解的食品，如味精类、糖类、高脂肪的食品类。

在已知质量的称量瓶内称取样品 5～10g，置真空干燥箱中，将真空干燥箱的温度调至 60～70℃，真空度调至 79980Pa，加热干燥样品至恒重。

五、计算

$$水分(\%) = \frac{(a-b)}{W} \times 100$$

式中　a——干燥前样品质量＋称量瓶质量，g；

　　　b——干燥后样品质量＋称量瓶质量，g；

　　　W——样品质量，g。

六、思考题

1. 在测定水分时为何要干燥到恒重？

2. 样品如加热至 100℃引起分解，应采用哪种干燥方法？为什么？

实验二　食品水分活度的测定
——直接测定法

一、目的要求

1. 进一步了解水分活度的概念及测定原理。

2. 学习测定水分活度的基本方法。

二、实验原理

水分活度反应了食品中水的存在状态，可以作为衡量微生物对食品水分可利用性的指标，控制水分活度对食品的保藏具有重要意义。无论干燥或新鲜食品中的水分，都会随环境条件的变动而变化。如果环境空气干燥、湿度低，食品中的水分向空气蒸发，食品质量减轻。反之食品吸水质量增加。但不管是蒸发还是吸收水分，最终是食品与环境平衡为止。根据这一原理，食物在康威微量扩散皿的密封和恒温条件下，分别向 A_w 较高或较低的标准饱和溶液中扩散，当达到平衡后，依据样品在高 A_w 标准饱和溶液中质量的增加和在低 A_w 标准饱和溶液中质量的减少，则可计算出样品的 A_w。

三、材料和试剂

1. 材料：苹果块，饼干。
2. 试剂：标准饱和盐溶液，其标准饱和溶液的 A_w 值如表 11-1 所示。

表 11-1　不同标准饱和盐溶液 A_w

标 准 试 剂	A_w	标 准 试 剂	A_w
LiCl	0.11	$NaBr \cdot 2H_2O$	0.58
CH_3COOK	0.23	NaCl	0.75
$MgCl_2 \cdot 6H_2O$	0.33	KBr	0.83
K_2CO_3	0.43	$BaCl_2$	0.90
$Mg(NO_3)_2 \cdot 6H_2O$	0.52	$Pb(NO_2)_3$	0.97

3. 仪器
(1) 康威微量扩散皿，结构示意如下：

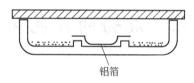

铝箔

(2) 分析天平。

四、操作步骤

1. 在康维容器的外室放置标准盐饱和溶液，在内室的铝箔皿中加入 1g 左右的食品试样，试样先用分析天平称重，准确至毫克数，记录初读数。
2. 在玻璃盖涂上真空脂密封，放入恒温箱 25℃ 保持 2h，准确称试样重，以后每半小时称一次，至恒重为止，算出试样的增减重量。
3. 若试样的 A_w 值大于标准试剂，则试样减重；反之，若试样的 A_w 比标准试剂小，则试样重量增加。因此要选择 3 种以上标准盐溶液与试样一起分别进行试验，得出试样与各种标准盐溶液平衡时重量的增减数。
4. 在坐标纸上以每克食品试样增减的毫克数为纵坐标，以水分活度 A_w 为横坐标作图，在下图中的 A 点是试样 $MgCl_2 \cdot 6H_2O$ 标准饱和溶液平衡后重量减少 20.2mg/g 试样，B 点是试样与 $Mg(NO_3)_2 \cdot 6H_2O$ 标准饱和溶液平衡后失重 5.2mg/g 试样，而这三种标准饱和溶液的 A_w 分别为 0.33、0.52 和 0.75。把这三点连成一线，与横坐标相交于 D 点，D 点即为该试样的水分活度 A_w 为 0.60。

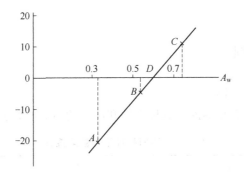

五、思考题

1. 什么叫水分活度？本实验为什么能测出样品的水分活度？

2. 本实验是在 25℃ 左右温度下测定 A_w，做此实验时，环境温度高于或低于此温度时，饱和溶液的水分活度值是否仍然与表中一样，为什么？

实验三　淀粉的显色和水解

一、目的要求

进一步了解淀粉的性质及淀粉水解的原理和方法。

二、实验原理

1. 淀粉与碘的反应

淀粉与碘作用呈蓝色，是由于淀粉与碘作用形成了碘-淀粉的吸附性复合物，这种复合物是由于淀粉分子的每 6 个葡萄糖基形成的 1 个螺旋圈束缚 1 个碘分子，所以当受热或者淀粉被降解，都可以使淀粉螺旋圈伸展或者解体，失去淀粉对碘的束缚，因而蓝色消失。

2. 淀粉的水解

淀粉可以在酸催化下发生水解反应，其最终产物为葡萄糖，反应过程如下：

$$(C_6H_{12}O_5)_m \longrightarrow (C_6H_{10}O_5)_n \longrightarrow C_{12}H_{22}O_{11} \longrightarrow C_6H_{12}O_6$$

淀粉　　　　　　　糊精　　　　　　　麦芽糖　　　　　　葡萄糖

三、材料和试剂

1. 材料：试管夹、量筒、烧杯各一只，白瓷板一块，试管一支，水浴锅，淀粉及 0.1% 溶液。

2. 试剂

（1）10% NaOH 溶液。

（2）20% H_2SO_4 溶液。

（3）10% Na_2CO_3 溶液。

（4）稀碘液。

（5）班氏试剂：取无水硫酸铜 1.74g 溶于 100mL 热水中，冷却后稀释至 150mL；取柠檬酸钠 173g，无水 Na_2CO_3 100g 和 600mL 水共热，溶解后冷却并加水至 850mL，然后将 150mL $CuSO_4$ 溶液倒入混合即成。此试剂可长期使用。

四、操作步骤

1. 淀粉与碘的反应

（1）取少量淀粉于白瓷板上，加碘液两滴，观察颜色。

（2）取试管一支，加入 0.1% 的淀粉 6mL，碘两滴，摇匀，观察颜色变化。另取试管两支，将此淀粉均分为三等份并编号做如下实验：

① 1 号管在酒精灯上加热，观察颜色变化，然后冷却，又观察颜色变化；

② 2 号管加入 10%NaOH 溶液几滴，观察颜色变化；

③ 3 号管加入乙醇几滴，观察颜色变化。

记载上述实验过程和结果，并解释现象。

2. 淀粉水解实验

（1）取 100mL 小烧杯，加入 0.1% 淀粉 15mL 及 20% H_2SO_4 溶液 5mL 后，置于水浴锅水浴加热至溶液呈透明状。

（2）每隔 2min 取透明液 1 滴于白瓷板上做碘实验，直至不产生颜色反应为止。

（3）取一支试管，加入反应液 1mL，滴 10% Na_2CO_3 3～4 滴进行中和。然后加入班氏试剂 2mL 后于水浴加热数分钟。

记录（2）、（3）步骤的实验结果，并解释之。

五、思考题

记载各实验结果并解释每一个实验现象。

实验四　果胶的提取和果酱的制备

一、目的要求

1. 进一步了解果胶的性质及测定原理。
2. 学习测定果胶的基本方法和果酱制备过程。

二、实验原理

果胶广泛存在于水果和蔬菜中，如苹果中含量为 $0.7\% \sim 1.5\%$（以湿品计），在蔬菜中以南瓜含量最多，为 $7\% \sim 17\%$。果胶的基本结构是以 α-1,4-糖苷键连接的聚半乳糖醛酸，其中部分羧基被甲酯化，其余的羧基与钾、钠、钙离子结合成盐，其结构式如下：

在果蔬中，尤其是在未成熟的水果和皮中，果胶多数以原果胶存在，原果胶是以金属离子桥（特别是钙离子）与多聚半乳糖醛酸中的羧自由基相结合。原果胶不溶于水，故用酸水解，生成可溶性的果胶，再进行脱色、沉淀、干燥，即为商品果胶，从柑橘皮中提取的果胶是高酯化度的果胶，酯化度在 70% 以上。在食品工业中常利用果胶来制作果酱、果冻和糖果，在汁液类食品中用作增稠剂、乳化剂等。

三、材料和试剂

1. 材料：橘皮（新鲜）。
2. 试剂：0.25% HCl，95% 乙醇，蔗糖，柠檬酸，活性炭。
3. 仪器：水浴锅、纱布。

四、操作步骤

1. 果胶的提取

（1）原料预处理　称取新鲜柑橘皮 20g（干品为 8g），用清水洗净后，放入 250mL 烧杯中加 120mL 水，加热至 90℃ 保持 5～10min，使酶失活。用水冲洗后切成 3～5mm 大小的颗粒，用 50℃左右的热水漂洗，直至水为无色、果皮无异味为止。每次漂洗必须把果皮用尼龙布挤干，再进行下一次漂洗。

（2）酸水解提取　将预处理过的果皮粒放入烧杯中，加入约 0.25% 的盐酸 60mL，以浸没果皮为度，pH 值调整在 2.0～2.5 之间，加热至 90℃煮 45min，趁热用尼龙布（100 目）或四层纱布过滤。

（3）脱色　在滤液中加入 0.5%～1.0% 的活性炭于 80℃加热 20min 进行脱色和除异味，趁热抽滤，如抽滤困难可加入 2%～4% 的硅藻土作助滤剂。如果柑橘皮漂洗干净，提取液为清澈透明，则不用脱色。

（4）沉淀　待提取液冷却后，用稀氨水调节至 pH 3～4，在不断搅拌下加入 95% 乙醇，加入乙醇的量约为原体积的 1.3 倍，使酒精浓度达 50%～60%（可用酒精计测定），静置 10min。

（5）过滤、洗涤、烘干　用尼龙布过滤，果胶用 95% 乙醇洗涤两次，再在 60～70℃烘干。

2. 柠檬味果酱的制取

（1）将果胶 0.2g（干品）浸泡于 20mL 水中，软化后在搅拌下慢慢加热至果胶全部溶化。

（2）加入柠檬酸 0.1g，柠檬酸钠 0.1g 和蔗糖 20g，在搅拌下加热至沸，继续熬煮 5min，冷却后即成果酱。

五、思考题

1. 果胶的提取过程中为何要灭酶？
2. 果酱的制作利用了果胶的什么性质？

实验五　油脂酸价的测定

一、目的要求

1. 初步掌握测定油脂酸价的原理与方法。
2. 了解测定油脂酸价的意义。

二、实验原理

油脂在空气中暴露过久，部分油脂会被水解产生游离脂肪酸和醛等物质，并且这些物质具有刺激性气味，使油脂产生酸败。酸败的程度是以水解产生的游离脂肪酸的多少为指标的，常以酸价（或酸值）来表示。同一种油脂若酸价高，则说明油脂水解产生的游离脂肪酸就多。酸价是指中和1g脂肪中游离脂肪酸所需的氢氧化钾的毫克数。酸价越高，油脂的质量越差。我国规定油脂的酸价不能超过5。

三、材料和试剂

1. 材料：花生油或菜油。
2. 试剂
(1) 锥形瓶（250mL）；
(2) 量筒（50mL）；
(3) 碱式滴定管（250mL）；
(4) 1：1乙醇-乙醚混合液；
(5) 0.1mol/L氢氧化钾标准溶液；
(6) 酚酞-乙醇溶液。

四、操作步骤

1. 准确称取1～3g菜油于250mL锥形瓶中。
2. 在瓶内加入乙醇-乙醚混合液50mL，充分振动，使油样完全溶解成透明溶液。待油样完全溶解后，加入1%酚酞指示剂1～2滴，立即用0.1mol/L氢氧化钾标准溶液滴定至溶液呈微红色（放置30s内不褪色）为终点，并记录用去的氢氧化钾的体积，并按下式计算酸价：

$$\text{酸价} = \frac{\text{消耗氢氧化钾毫升数} \times \text{氢氧化钾溶液浓度} \times \text{氢氧化钾分子质量}}{\text{油脂样品克数}}$$

五、思考题

1. 测定油脂酸价时，装油的锥形瓶和油样中均不得混有无机酸，这是为什么？
2. 为什么酸价的高低可作为衡量油脂好坏的一个重要指标？

实验六 氨基酸的纸色谱

一、目的要求

1. 学习纸色谱法的基本原理。
2. 掌握纸色谱法对混合氨基酸进行分离和鉴定的技术。

二、实验原理

纸色谱法属于分配色谱法的一种，是以滤纸作为惰性支持物。滤纸纤维上分布大量的亲水性羟基，因此能吸附水作为固定相，通常把有机溶剂作为流动相。将样品在滤纸上（此点称为原点），用有机溶剂进行展开时，样品中的各种溶质即在两相溶剂中不断进行分配。由于各种溶质在两相溶剂中的分配系数不同，因而不同溶质随流动相移动的速率不等，于是从点样的一端向另一端展开时，样品中不同溶质被分离开来，形成距原点距离不等的层析点。样品被分离后在纸色谱图谱上的位置，是用比移值 R_f 来表示的

$$R_f = \frac{原点到层析斑点的中心距离}{原点到溶剂前沿的距离}$$

在一定条件下（如温度、展开剂的组成、层析纸质量等不变），某物质的 R_f 值是一个常数，借此可作定性分析依据。本实验只利用纸色谱分离氨基酸。

三、材料和试剂

1. 材料

（1）层析缸（可用标本缸代替）；

（2）层析滤纸（新华一号滤纸）；

（3）喷雾器、电吹风、三角板、铅笔、毛细管（可用微量注射器代替）。

2. 试剂

（1）氨基酸标准溶液：1％的甘氨酸、赖氨酸、色氨酸、组氨酸、缬氨酸、脯氨酸。

（2）混合氨基酸溶液：将 1％的甘氨酸、赖氨酸、色氨酸、组氨酸、缬氨酸、脯氨酸也按 1％浓度制成混合溶液。

（3）展开剂甲：正丁醇：80％甲酸：水＝15：3：2（体积比）

展开剂乙：正丁醇：12％氨水：95％乙醇＝13：3：3（体积比）

（4）显色剂：0.1％茚三酮-丙酮溶液（取 0.1g 茚三酮溶于 100mL 无水丙酮，储于棕色瓶中待用）。

四、操作步骤

1. 取滤纸两张（12cm×12cm），按图要求画好平行线和点样点并在样点上标号。

2. 点样。用毛细管依次点上氨基酸标准样液和混合液于样点并记录各样点所点的氨基酸。点样时一定要注意：第一，样点直径控制在 3mm 以内；第二，每样

点需重复点 3 次，但每次需经干燥后方可再点，为了快速干燥，可用电吹风在较低挡温度下风干。点好样的滤纸卷成筒状，用透明胶纸黏接，要注意在卷纸筒时，两纸不能搭接。

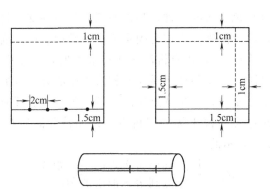

3. 展开。在层析缸内放好展开剂甲（展开剂液面高度约 1cm），将一张点好样的滤纸小心地移入层析缸，点样端浸入展开剂甲中，要特别注意不要使样点浸入展开剂。盖好层析缸。当看到展开剂到达画定的溶剂前沿线时，取出滤纸，用较低挡温度电吹风吹干。同时将另一张点好样的纸照上法放入层析缸，此纸只此一次单向层析。

将吹干的滤纸转 90°，再卷筒状，用透明胶固定，放入另一个放置有展开剂乙的层析缸内展开。展开完毕吹干。此纸则为双向层析。

4. 显色。将上述单向层析和双向层析的滤纸经吹干后用喷雾器把茚三酮溶液均匀地喷在纸上（不要喷得太多），取下纸，放入 65℃烘箱中显色数分钟，或用电吹风热风吹干显色亦可。

5. 计算各氨基酸的 R_f。

五、思考题

1. 你是怎样理解本实验为什么要设计单向层析和双向层析的？

2. 本实验做单向层析时是使用展开剂甲，是否可以用展开剂乙，为什么？

3. 计算各 R_f，并说明混合氨基酸溶液中含有一些什么氨基酸？

实验七　蛋白质的等电点测定

一、目的要求

1. 初步学会测定蛋白质等电点的基本方法。

2. 了解蛋白质的两性解离性质。

二、实验原理

蛋白质分子中有一定数量的自由氨基和自由羧基存在（以及一些其他酸性和碱性基团），是两性电解质。作为带电颗粒它可以在电场中移动，移动方向取决于蛋白质分子所带的电荷。蛋白质颗粒在溶液中所带的电荷，既取决于其分子组成中碱性和酸性氨基酸的含量，又受所处溶液的 pH 影响。当蛋白质溶液处于某一 pH 时，蛋白质游离成正、负离子的趋势相等，即成为兼性离子（净电荷为 0），此时溶液的 pH 值称为蛋白质的等电点（简写 pI）。处于等电点的蛋白质颗粒，在电场中并不移动。蛋白质溶液的 pH 大于等电点，该蛋白质颗粒带负电荷，反之则带正电荷。不同蛋白质，等电点不同。在等电点时，蛋白质溶解度最小，容易沉淀析出。因此，可以借助在不同 pH 溶液中的某蛋白质的溶解度来测定该蛋白质的等电点。

三、材料和试剂

1. 材料
（1）试管及试管架。
（2）吸管与滴管。
（3）100mL 容量瓶和 25mL 锥形瓶。
（4）水浴锅和温度计。
2. 试剂
（1）1.00mol/L 醋酸。
（2）0.1mol/L 醋酸。
（3）0.01mol/L 醋酸。
（4）蒸馏水。
（5）5％酪蛋白醋酸钠溶液：将酪蛋白充分研磨后称量 0.5g 于 250mL 锥形瓶中，加入 10mL 1.00mol/L 醋酸钠溶液，将锥形瓶置于 50℃ 左右水浴，并小心转动，使酪蛋白充分溶解。然后将瓶内酪蛋白溶液转移到 100mL 容量瓶中，加蒸馏水至刻度。

四、操作步骤

1. 取五支同种规格的试管，编号，按表 11-2 顺序精确加入各种试剂，然后逐一振荡试管，并使试管混合均匀。
2. 将上述试管静置于试管架上约 15min 后，仔细观察，比较各管的浑浊度，将观察的结果记载于表 11-2 内，并指出酪蛋白的等电点。

表 11-2　蛋白质在不同条件下的浑浊度记录表

试管号	蒸馏水	1.00mol/L 醋酸/mL	0.1mol/L 醋酸/mL	0.01mol/L 醋酸/mL	0.1%酪蛋白溶液/mL	溶液 pH	浑浊度
1	8.4			0.6	1.0	5.9	
2	8.7		0.3		1.0	5.3	
3	8.0		1.0		1.0	4.7	
4			9.0		1.0	4.1	
5	7.4	1.6			1.0	3.5	

注：1. 本实验各种试剂的浓度及用量均要求很准确。

2. 浑浊度可用－、＋、＋＋、＋＋＋等符号表示。

五、思考题

1. 什么叫等电点？在等电点时，蛋白质为什么容易被沉淀析出？

2. 当实验结果与已知发生较大误差时，试分析其原因。

实验八　蛋白质的沉淀及变性作用

一、目的要求

1. 加深对蛋白质胶体溶液稳定因素的认识。

2. 了解沉淀蛋白质的几种方法及其实用意义。

3. 了解蛋白质变性与沉淀的关系。

二、实验原理

蛋白质分子带有电荷，在水溶液中，蛋白质分子由于表面生成水化层和双电层，成为稳定的亲水胶体颗粒，因而蛋白质溶液具有典型的胶体溶液的性质。这种溶液的稳定性是有条件的、相对的，在一定的理化因素的影响下，蛋白质颗粒失去电荷，脱水而沉淀。

蛋白质的沉淀反应分为两类。

1. 可逆的沉淀反应：这类沉淀反应中，蛋白质虽然已经沉淀析出，但蛋白质分子的内部结构并未发生显著变化。去除引起沉淀的因素后，沉淀的蛋白质仍能溶解于原来的溶剂中，并保持其天然性质。如大多数蛋白质的盐析作用，在低温下用乙醇（或丙酮）短时间作用于蛋白质以及等电点沉淀等，均属于这类沉淀。它常用来提纯蛋白质。

2. 不可逆的沉淀反应：这类沉淀反应中，蛋白质分子内部结构发生重大改变，即使去除变性因素，蛋白质也不再溶于原来的溶剂中。如加热引起的蛋白质沉淀与凝固、重金属离子和某些有机酸对蛋白质的沉淀等，均属于此类。

一般来说，蛋白质变性后发生沉淀现象，但沉淀的蛋白质不一定变性。

三、材料和试剂

1. 材料：试管及试管架，移液管（1mL、5mL），滤纸，漏斗。

2. 试剂

（1）蛋白质溶液：5％卵清蛋白溶液或鲜鸡蛋清加 9 倍水搅匀。

（2）pH 4.7 乙酸-乙酸钠缓冲液。

（3）饱和硫酸铵溶液。

（4）硫酸铵结晶粉末。

（5）95％乙醇。

（6）5％三氯乙酸溶液。

（7）3％硝酸银溶液。

（8）0.1mol/L 盐酸溶液。

（9）0.1mol/L 氢氧化钠溶液。

（10）0.05mol/L 碳酸钠溶液。

（11）0.1mol/L 乙酸溶液。

（12）甲基红溶液。

四、操作步骤

1. 蛋白质的盐析

取 5％卵清蛋白溶液 5mL 于试管中，再加等量的饱和硫酸铵溶液，混匀后静置数分钟，则析出沉淀即球蛋白。倒出少量浑浊沉淀，加少量水，观察是否溶解，并解释。

将上步管中内容物过滤，向滤液中添加硫酸铵粉末直至不再溶解为止。此时析出沉淀即清蛋白。取出部分清蛋白，加少量蒸馏水，观察沉淀是否溶解，并解释。

说明：盐析时，盐的浓度不同，析出的蛋白质也不同。球蛋白可在半饱和硫酸铵溶液中析出，而清蛋白则需在饱和硫酸铵溶液中析出。生产实践中可利用这种分步盐析法分离得到多种蛋白质。

2. 有机酸沉淀蛋白质

取一支试管，加入蛋白质溶液 2mL，再加入 1mL 5％三氯乙酸溶液，振荡试管，观察沉淀生成。放置片刻，倾出上清液，向沉淀中加入少量水，观察沉淀是否溶解，并解释。

说明：三氯乙酸是实验室中最常见的蛋白质变性剂。终止酶反应时，除去蛋白质对测定的干扰时，往往用三氯乙酸。此外，磺基水杨酸沉淀蛋白质也很有效。

3. 有机溶剂沉淀蛋白质

取一支试管，加入 2mL 蛋白质溶液，再加入 2mL 95％乙醇，混匀，观察沉淀的生成。

4. 重金属离子沉淀蛋白质

取一支试管，加入 2mL 蛋白质溶液，再加入 1～2 滴 3％硝酸银溶液，振荡，观察沉淀生成。放置片刻，倾去上清液，加少量水，观察沉淀是否溶解，并解释。

说明：重金属离子与蛋白质结合成盐而沉淀，不再溶解。

5. 乙醇引起的变性与沉淀

取三支试管，编号，按表 11-3 顺序加入试剂。

表 11-3　乙醇引起的变性与沉淀试剂加入量

试管号	5％卵清蛋白溶液/mL	0.1mol/L 氢氧化钠/mL	0.1mol/L 盐酸/mL	95％乙醇/mL	pH 4.7 缓冲液/mL
1	1	0	0	1	1
2	1	1	0	1	0
3	1	0	1	1	0

摇匀后，观察各管变化。放置片刻，向各管内加水 8mL，然后在第 2、3 号管中各加 1 滴甲基红，分别用乙酸溶液及 0.05mol/L 碳酸钠溶液中和。观察各管颜色变化和沉淀生成情况。每管再加 0.1mol/L 盐酸溶液数滴，观察沉淀溶解情况。解释各管每步试验现象。

五、思考题

1. 酒精消毒的原理是什么？为什么用 75％乙醇消毒而不用无水乙醇？
2. 鸡蛋清可作为铅中毒或汞中毒的解毒剂，机理是什么？

实验九　维生素 C 含量的测定（紫外快速测定法）

一、目的要求

1. 熟悉紫外分光光度计的使用方法和原理。
2. 掌握紫外分光光度法测定维生素 C 的过程和基本原理。

二、实验原理

维生素 C 的 2,6-二氯酚靛酚容量法，操作步骤较繁琐，而且受其他还原性物质、样品色素颜色和测定时间的影响。紫外快速测定法，是根据维生素 C 具有对紫外产生吸收和对碱不稳定的特性，于 243nm 处测定样品液与碱处理样品液两者消光值之差，通过查标准曲线，即可计算样品中维生素 C 的含量。

三、材料和试剂

1. 材料：各种水果、蔬菜、果汁及饮料。
2. 仪器：紫外分光光度计、离心机、分析天平、容量瓶（10mL，25mL）、移液管（0.5mL，1.0mL）、吸管、研钵。
3. 试剂
（1）10％盐酸：取浓盐酸 133mL，加水稀释至 500mL。
（2）1％盐酸：取浓盐酸 2.7mL，加水稀释至 100mL。
（3）1mol/L 氢氧化钠溶液：称取 40gNaOH，加蒸馏水，不断搅拌至溶解，然后定容至 1000mL。

四、操作步骤

1. 标准曲线的制作
（1）抗坏血酸标准溶液的配制：用分析天平准确称取抗坏血酸 10mg，加 2mL 10％盐酸，加蒸馏水定容至 100mL，混匀。此抗坏血酸溶液的浓度为 100μg/mL。
（2）取带塞刻度试管 8 支并编号，分别按表 11-4 内所规定的量加入抗坏血酸标准溶液和蒸馏水。

表 11-4 标准曲线制作中标准溶液加入量

编 号	1	2	3	4	5	6	7	8
标准抗坏血酸溶液加入体积/mL	0.1	0.2	0.3	0.4	0.5	0.6	0.8	1.0
蒸馏水加入体积/mL	9.9	9.8	9.7	9.6	9.5	9.4	9.2	9.0
总体积/mL	10.0	10.0	10.0	10.0	10.0	10.0	10.0	10.0
抗坏血酸溶液浓度/(μg/mL)	1.0	2.0	3.0	4.0	5.0	6.0	8.0	10.0

（3）消光值的测定：以蒸馏水为空白，在 243nm 处测定标准系列抗坏血酸溶液的消光值，以抗坏血酸的含量（μg）为横坐标，以相应的消光值为纵坐标作标准曲线。
2. 样品的测定

（1）样品的提取：将果蔬样品洗净、擦干、切碎、混匀。称取 5.00g 于研钵中，加入 2～5mL 1%盐酸，匀浆，转移到 25mL 容量瓶中，稀释至刻度。若提取液澄清透明，则可直接取样测定，若有浑浊现象，可通过离心（10000g，10min）来消除。

（2）样品的测定：取 0.1～0.2mL 提取液，放入盛有 0.2～0.4mL 10%盐酸的 10mL 容量瓶中，用蒸馏水稀释至刻度后摇匀。以蒸馏水为空白，在 243nm 处测定其消光值。

（3）待测碱处理液的制备：分别吸取 0.1～0.2mL 提取液，2mL 蒸馏水和 0.6～0.8mL 1mol/L 氢氧化钠溶液依次放入 10mL 容量瓶中，混匀，15min 后加入 0.6～0.8mL 10%盐酸，混匀，并定容至刻度。以蒸馏水为空白，在 243nm 处测定其消光值。

（4）由待测样品与待测碱处理样品的消光值之差和标准曲线，即可计算出样品中维生素 C 的含量。

（5）也可直接以待测碱处理液为空白，测出待测液的消光值，通过查标准曲线，计算出样品的维生素 C 的含量。

五、计算

$$维生素 C 的含量(\mu g/g) = \frac{\mu V_总}{V_1 W_总}$$

式中　μ——从标准曲线上查得的抗坏血酸的含量，μg；

V_1——测消光值时吸取样品溶液的体积，mL；

$V_总$——样品定容体积，mL；

$W_总$——称样质量，g。

六、思考题

本法测定维生素 C 的特点是什么？

实验十　绿色果蔬分离叶绿素及其含量测定

一、目的要求

1. 熟悉分光光度计的使用方法和原理。
2. 掌握叶绿素的提取和测定方法和步骤。

二、实验原理

叶绿素存在于果蔬等绿色植物中。叶绿素在植物细胞中与蛋白质结合成叶绿体，当细胞死亡后，叶绿素即游离出来，游离叶绿素很不稳定，对光或热较敏感；高等植物中叶绿素有 a、b 两种，二者都易溶于乙醇、乙醚、丙酮和氯仿中。

测定叶绿素提取液的最大吸收波长的光密度，然后通过公式计算获得叶绿素含量数据。此法快速、简便。

三、材料和试剂

绿叶青菜，玻璃砂；丙酮；分光光度计。

四、操作步骤

1. 叶绿素提取及含量测定

称取均匀青菜样品 5g 于研钵中，加入少许玻璃砂（约 0.5～1g），充分研磨后倒入 100mL 容量瓶中，然后用丙酮分几次洗涤研钵并倒入容量瓶中，用丙酮定容至 100mL。充分振摇后，用滤纸过滤。取滤液用分光光度计于 652nm 波长下，测定其光密度。以 95％丙酮作空白对照实验。将测定记录数据列表，按照公式计算青菜组织中总叶绿素含量。

2. 叶绿素在酸碱介质中稳定性实验

分别取 10mL 叶绿素提取液于试管中，滴加 0.1mol/L 盐酸和 0.1mol/L NaOH 溶液，观察提取液的颜色变化情况。

五、计算

$$总叶绿素(mg/g 鲜重) = \frac{D_{652}}{34.5} \times \frac{V}{W} \times \frac{1}{1000}$$

式中　　D_{652}——在所指定波长下，叶绿素提取液的吸光度读数；

　　　　V——叶绿素丙酮提取液的最终体积，mL；

　　　　W——所用果蔬组织鲜重，g。

六、思考题

叶绿素在酸或碱中会发生什么变化？

参 考 文 献

[1] 吴俊明. 食品化学. 北京：科学出版社，2004.

[2] 谢笔钧. 食品化学. 第二版. 北京：科学出版社，2002.

[3] 阚健全. 食品化学. 北京：中国农业大学出版社，2002.

[4] 刘邻渭. 食品化学. 北京：中国农业出版社，1999.

[5] 韩雅珊. 食品化学. 北京：北京农业大学出版社，1992.

[6] 刘用成. 食品化学. 北京：中国轻工业出版社，1996.

[7] 王璋，许时婴，汤坚. 食品化学. 北京：中国轻工业出版社，1999.

[8] 郝利平，夏延斌，陈永泉等. 食品添加剂. 北京：中国农业大学出版社，2002.

[9] 超刚，方仕. 维生素与矿物质全书. 昆明：云南人民出版社，2005.

[10] 杜冠华，李学军. 维生素及矿物质白皮书（修订本）. 郑州：河南科学技术出版社，
      2003.

[11] 庞会娟，温陟良. 冬枣采后及贮藏过程中维生素 C 含量变化规律的研究. 河北农业大学学
      报，2002，25：118-119.

[12] 赵家禄，武春林，高华等. 临猗梨枣在冷藏与常温环境中果实品质变化的观察. 果树学
      报，2001，18（5）：263-266.

[13] 天津轻工业学院，无锡轻工业学院. 食品生物化学. 北京：轻工业出版社，1981.

[14] 冯凤琴，叶立扬. 食品化学. 北京：化学工业出版社，2005.

[15] 江波，杨瑞金，卢蓉蓉. 食品化学. 北京：化学工业出版社，2005.

[16] 赵新淮. 食品化学. 北京：化学工业出版社，2006.

[17] 陈正行，狄济乐. 食品添加剂新产品与新技术. 南京：江苏科学技术出版社，2002.

[18] 张水华. 食品感官鉴评. 广州：华南理工大学出版社，1999.

[19] 张国珍. 食品生物化学. 北京：中国农业大学出版社，1992.